MATHE FÜRS LEBEN

MATHE FÜRS LEBEN

ODER: WIE LANGE BRAUCHE ICH ZU FUß ZUM MOND?

EDWARD VAN DE VENDEL & IONICA SMEETS

MIT ILLUSTRATIONEN VON FLOOR DE GOEDE

AUS DEM NIEDERLÄNDISCHEN VON SYLKE HACHMEISTER

CARLSEN

INHALT

DAS FEUER

Bestimmt wisst ihr, wie ein Feuer entsteht.
Zunächst einmal braucht man etwas, das brennen kann. Holzwolle oder Sägemehl. Stroh oder Papier.
Man könnte sagen, dass die Kinder der fünften Klasse der Theo-Thijssen-Schule die Holzwolle, das Stroh waren.
Natürlich nicht wirklich. Es waren keine Flammen im Spiel, und sie waren auch nicht so dumm, dass sie Stroh im Kopf gehabt hätten. Trotzdem flammte eines Tages etwas auf, und die Klasse war eigentlich schon seit Wochen dafür bereit.

Das kam so: Sie hatten eine coole Lehrerin und einen netten Lehrer. Beide mochten Quizspiele, Vorlesen, Sport und lustige Geburtstagslieder. Nur Mathe mochten sie nicht.
Wirklich, beide fanden das Fach ganz schrecklich.
Oder nein, so ganz stimmte das nicht. Sie fanden nur die Mathebücher ganz schrecklich. Die waren langweilig und veraltet. Eine Multiplikationstabelle nach der anderen stand darin, und die vielen Zahlen sahen so aus, als würden lauter Ameisen über die Seiten reisen.
Die Kinder der fünften Klasse fanden den Matheunterricht auch langweilig, aber woher hätten sie wissen sollen, dass ihre Lehrer das genauso sahen? So was erwartet man ja nun wirklich nicht von seinen Lehrern. Man denkt, sie schleppen ständig ihre Bücher mit sich herum und quatschen noch abends mit ihrer Frau oder ihrem Mann über Matheaufgaben.

Jedenfalls dachten das die Kinder der fünften Klasse. Bis Mano (der eigentlich Mohammed hieß, aber Mano genannt werden wollte) einmal nachsitzen musste und hörte, was Herr Sanders und Frau Verbeek, die ihn ganz vergessen hatten, zueinander sagten. »Können wir die Mathebücher nicht einfach Seite für Seite die Toilette runterspülen? Was für ein altmodischer Käse, pfff.« Doch dann machten sie »Pssst«, denn ihnen fiel wieder ein, dass Mano in der Leseecke saß und seine Strafarbeit machte.

Am nächsten Tag vor der Schule erzählte Mano Kuzey, Mick und der quasseligen Chiara davon, und gleich zu Beginn der ersten Stunde meldete sich die quasselige Chiara: »Frau Verbeek, darf ich etwas fragen?«
»Ja?«
»Können wir die Mathestunde heute mal ausfallen lassen?«
»Was?«, fragte Frau Verbeek. »Nein, das geht nicht.«
»Wir haben aber etwas gehört«, sagte Chiara.
»Was denn?«, fragte Frau Verbeek.
»Sie und Herr Sanders wollen das Mathebuch das Klo runterspülen.«
»Chiara!«, sagte Frau Verbeek.
»Dann eben die Toilette.«
»Wir machen jetzt ganz normal Matheunterricht«, sagte Frau Verbeek streng und rief, dass alle Seite 56 aufschlagen sollten.

Doch da passierte etwas: Fedor stand auf.
Sofort wurde es still. Fedor stand nie auf. Fedor schrieb immer gute Noten, doch er meldete sich fast nie.
»Frau Verbeek«, sagte Fedor. »Ich frage mich schon seit Anfang des Schuljahrs, was unser Mathebuch eigentlich mit uns zu tun hat.«
»Äh …«, machte Frau Verbeek. Die Stille in der Klasse brachte sie aus dem Konzept, und auch Fedor brachte sie aus dem Konzept – das sah man daran, wie sie auf einmal blinzelte. »Wie meinst du das?«, fragte sie.
»Was haben die Matheaufgaben mit unserem Leben zu tun?«, fragte Fedor auf seine ganz besondere, leise Art, fast flüsternd. »Im Ernst. Wir sollen hier doch wichtige Sachen lernen, von denen wir jetzt und später im Leben etwas haben, oder?«
»Ja!«, sagte die quasselige Chiara, und Mano sagte auch Ja und Kuzey, Ahmed, Saya und Roos, und alle nickten: »Ist doch so, Frau Verbeek, oder?«

Und so wurde das Feuer entfacht. Die Kinder waren das trockene Papier, das Stroh, aber Herr Sanders und Frau Verbeek selbst waren die Zündhölzer. Mit dem Satz, den Mano zufällig gehört hatte, war auf einmal ein Funke da, und jetzt brannte es im Klassenzimmer lichterloh: Ein Fragenfeuer zu den Mathestunden.
Frau Verbeek konnte es beim besten Willen nicht mehr löschen. Sie spürte, wie ihr die Hitze aus allen Gesichtern entgegenschlug (und sie liebte diese Klasse, wirklich), deshalb sagte sie: »Okay, okay, ich kann euch verstehen, und unsere Mathebücher sind wirklich ein bisschen angestaubt. Ich werde heute Nachmittag mit Herrn Sanders darüber sprechen.«
Die Klasse wartete ab, was nun kam.
»Äh …«, sagte Frau Verbeek. »Ich beantworte deine Frage morgen, okay?«
Alle sahen Fedor an. Der neigte den Kopf erst nach links und dann nach rechts, als müsste sein Gehirn die Antwort abwägen – zu schwer, zu leicht, genau richtig –, dann nickte er.
Und setzte sich wieder hin.
Der Unterricht begann.
Doch das Feuer, das war entfacht.

OKAY

»So«, sagte Herr Sanders am nächsten Tag. »Da habt ihr Frau Verbeek ja ganz schön aufgescheucht.«
»Ach was!«, rief Chiara.
»Pah!«, rief Mano.
»Frau Verbeek hat selbst gesagt …«, setzte Chiara an.
»Moment«, sagte Herr Sanders. »Damit will ich ja nur sagen, dass ihr uns wirklich zum Nachdenken gebracht habt.«
»Das ist gut! Nachdenken ist gut!«, sagte Mirelva, die gestern krank gewesen war. Ihre Freundin Chiara hatte ihr heute Morgen alles erzählt. Auch Mirelva redete viel, und man hätte meinen können, dass eine Freundschaft mit solch einer Überfülle an Worten schwierig wäre, aber irgendwie funktionierte es bei den beiden, vielleicht weil sie vom vielen Quatschen manchmal so müde wurden, dass sie nur noch kicherten.
»Ja, Nachdenken ist natürlich etwas Gutes«, sagte Herr Sanders. »Aber wir können nicht einfach alles verändern. Hier geht es um Mathematik, und Mathematik ist eins der wichtigsten Fächer in der Schule.«
»Genau deshalb ja!«, rief Chiara. »Deshalb darf es nicht so langweilig sein. Da muss sich echt was verändern, das hat uns Frau Verbeek eigentlich auch versprochen, sie hat gesagt, dass …«

Herr Sanders verschränkte die Arme. Das machte er öfter, wenn er der Meinung war, dass jemand redete, der noch nicht an der Reihe war.
Chiara verstummte mitten in ihrer Tirade. Sie schaute zu Fedor. »Fedor«, rief sie. »Sag du doch mal was, so wie gestern!«
Alle drehten sich zu Fedor um, doch der ließ eine lange Haarsträhne vor seine Augen fallen und schüttelte kaum merklich den Kopf.
»Nein? Soll das Nein heißen? Wieso das denn?«, fragte Mirelva. Sie wollte ihrer Freundin wohl zu Hilfe kommen.

Da hob Fedor die Hand. Er zeigte auf Herrn Sanders.
»Hä?«, machte Mirelva.

»Danke, Fedor«, sagte Herr Sanders. »Wie gesagt: Mathematik ist eins der wichtigsten Fächer, und genau deshalb haben Frau Verbeek und ich beschlossen … Ich meine: Ihr habt zufällig etwas aufgeschnappt, was wir miteinander geredet haben, und da haben wir natürlich ein bisschen übertrieben, denn es ist auf jeden Fall auch wichtig, Zahlenreihen bilden zu können, Multiplikationstabellen zu lernen, gut addieren und dividieren zu können und …«
»YIPPIE!«, rief Mano und wäre vor Ungeduld fast mitsamt Tisch und Stuhl in die Luft gesprungen.
»Nun ja«, sagte Herr Sanders. »Langer Rede kurzer Sinn: Frau Verbeek und ich haben beschlossen, auf euch zu hören.«
»Yes, Herr Sanders! Yes!«, rief Mano, und jetzt schwenkten Mick und Diede und Chiara und Mirelva die Arme, und Roos und Romée und Roman und der eine Patrick und der andere Patrick flüsterten auch »Yes!«, und die übrigen Kinder guckten erst den Lehrer an und dann Fedor.

Fedor strich sich die Haarsträhne aus den Augen und stand auf.
Wow.
Fedor stand auf. Vielleicht wollte er doch etwas sagen. So wie gestern.
Sofort wurde es wieder still, und die Fäuste all der Kinder, die »Yes!« gerufen hatten, wurden wieder zu Händen mit Fingern und Daumen.
»Ja, Fedor?«, sagte Herr Sanders.
»Was ist der Plan?«, flüsterte Fedor.
»Passt auf«, sagte Herr Sanders. »Wir nehmen das Mathebuch nur zur Hälfte durch. Und die andere Hälfte … die andere Hälfte des Unterrichts steuert ihr bei. Jeder stellt der Klasse eine schwierige Mathefrage. Eine, die aus dem Leben gegriffen ist. Auf die ihr unbedingt eine Antwort haben wollt. Es können große oder kleine Fragen sein, solange die Antwort für euch von Bedeutung ist. Jede Woche stellt jemand so eine Aufgabe, immer freitagnachmittags. Ihr kommt alle der Reihe nach dran.«
»Yippieyippieyeah!«, rief Mano.
»Frau Verbeek und ich basteln daraus dann eine Unterrichtsstunde oder auch zwei. Diese Stunde halten wir in der darauffolgenden Woche anstatt der gewöhnlichen Mathestunde. Ihr seid zweiundzwanzig Kinder in der Klasse, wir können mit dem Projekt also zweiundzwanzig Wochen füllen. Am Ende besprechen wir, ob es euch etwas gebracht hat, etwas fürs Leben. Und wenn dem so ist …«

»… feiern wir ein Mathefest!«, rief Chiara.
Herr Sanders lächelte. »Mal sehen, Chiara, mal sehen … Aber es gibt eine Bedingung. Was wichtig ist, bestimmen nicht Frau Verbeek oder ich. Wir werden die Aufgaben nicht kommentieren, mehr noch: Niemand kommentiert sie. Was wichtig ist, bestimmt jeder Einzelne von euch selbst. Und die Fragen überlegt ihr euch zu Hause, nicht auf dem Schulhof. Ihr dürft euch nicht miteinander absprechen, sonst kommen am Ende noch lauter ähnliche Aufgaben dabei heraus. Also …«
»Also was?«, fragte Mirelva.
»Also was sagt ihr?«
Äh …
Was sagten sie?
Wie reagierte die fünfte Klasse der Theo-Thijssen-Schule auf diesen eigenartigen, einmaligen, ungewöhnlichen, unterrichtsumwälzenden Vorschlag?
Plötzlich wussten die Kinder nicht, was sie sagen sollten. Sollten sie jetzt alle wild durcheinander »Ja!« rufen?
Aber Moment mal, das war gar nicht nötig.
Denn Fedor stand noch immer vor seinem Tisch.

Fedor musste antworten. Fedor, ja, Fedor – alle sahen ihn an. Doch Fedor reagierte nicht. Reglos stand er da.
Und jetzt sprang Mano wirklich von seinem Platz auf.
Er ging zu Fedor, stellte sich neben ihn und legte ihm sehr freundlich und sanft eine Hand auf den Rücken. Fedor schaute kurz zu ihm.
Mano gab ihm einen kleinen Schubs.
Da setzte Fedor sich in Bewegung. Er ging auf Herrn Sanders zu.
Und während alle in der Klasse den Atem anhielten, stand Fedor plötzlich Herrn Sanders gegenüber. Er blickte hoch, noch höher – und reichte ihm die Hand.
Herr Sanders schlug ein.
Er lachte und fragte: »Okay?«
Und da sagte Fedor auch »Okay.«

MATHE FÜRS LEBEN

Vereinbarung:
zwischen Frau Verbeek und Herrn Sanders und der fünften Klasse der Theo-Thijssen-Schule.

Die Hälfte des Mathebuchs: bye-bye.

Stattdessen: 22 wichtige Fragen, die mit dem Leben zu tun haben.

Eine Frage pro Schüler und Schülerin.

Jede Woche machen Frau Verbeek und Herr Sanders daraus eine Matheaufgabe.

In der darauffolgenden Woche: Lösung der Aufgabe = also eine neue Art Matheunterricht.

Über die Frage darf nicht gemeckert werden (kein Kommentar, für jeden ist etwas anderes wichtig).

Die Fragen dürfen vorher nicht verraten werden (sonst klaut noch einer die Idee des anderen).

Am Ende des Schuljahrs überlegen wir, ob wir genug gelernt haben, wenn nicht, müssen wir den Rückstand in Extrastunden aufholen.

Und es gibt ein Mathefest!

Dies wird feierlich und offiziell beschlossen am Montag, den 2. Oktober.

sven MANO Fedor ~~Roos~~ ROOS roman CHIARA
FABIO saya Diede patrick Tessa mick jens ahmed Nille patrick2
Benthe Tim Estelle romée mirelva kuzey

ALLE AUF DEN MOND

MANOS FRAGE

Herr Sanders hatte den Vertrag hübsch eingerahmt, und so hing der jetzt an der Wand, zwischen der digitalen Tafel und dem Waschbecken. Manchmal war es, als würde der Vertrag flüstern. Als würde eine leise Stimme durch die Buchstaben dringen und sagen: »Das wird etwas Besonderes, ihr seid etwas Besonderes, dieses Klassenzimmer ist etwas Besonderes.«
Nach dem Wochenende lag denn auch eine erwartungsvolle Spannung in der Luft. Komischerweise wurden die Kinder dadurch einerseits ein bisschen braver (vor allem in Mathe strengten sie sich mehr an denn je), andererseits aber auch ein bisschen nervöser.
Denn was war wohl die erste Frage?
Und wie würde die erste Mathestunde fürs Leben aussehen?

Am Mittwoch stellte Herr Sanders einen Plan auf, damit alle wussten, wann sie mit ihrer Frage dran waren.
Natürlich fanden alle, dass Fedor anfangen sollte.
»Möchtest du das denn, Fedor?«, fragte Herr Sanders.
Fedor wurde rot. Er überlegte kurz, dann nickte er.
Doch als die anderen ihn am nächsten Tag auf dem Schulhof bestürmten, ob er schon eine Frage hätte – nein, nein, er bräuchte es nicht zu sagen, aber er hätte doch bestimmt was richtig Gutes, oder? Das könnte ja nicht anders sein, ganz schön spannend, was, Fedor? –, da ging er, ohne ein Wort zu sagen, hinein. Mitten in der Pause in die Klasse.

Und nach der Pause war sein Name auf dem Plan plötzlich durchgestrichen.
»Herr Sanders!«, rief Chiara. »Jemand hat auf dem Plan rumgekritzelt!«
»Beruhig dich, Chiara«, sagte Herr Sanders. »Fedors Frage braucht ein bisschen mehr Zeit. Wir fangen einfach mit Nummer zwei an.«
Nummer zwei – das war Romée. Aber Romée bekam einen Schreck. »Das ist ja

schon morgen«, sagte sie. »Und ich hab heute Nachmittag Jazztanz. Da kann ich mir nichts überlegen!«

»Herr Sanders!«, rief Mirelva. »Dann kommt doch der ganze Plan durcheinander! Dann müssen Sie alle Tage und Namen noch mal neu schreiben!«

»Stimmt«, sagte Herr Sanders. »Lass mich mal kurz überlegen …«

Aber da sprang Mano auf und lief nach vorn. Er legte Fedor eine Hand auf die Schulter und flüsterte ihm etwas ins Ohr. Erst wich Fedor ein Stück zurück, doch dann nickte er langsam. Verrückter Mano, fröhlicher Mano, Mano, der mit allen gut konnte … Er schaffte es sogar, dass Fedor sich zu seinem Ohr hin beugte und etwas zurückflüsterte, die Hände um den Mund gelegt.

»Yeah, Mann!«, sagte Mano, und da lachte Fedor sogar ein bisschen.

Mano wandte sich an Herrn Sander und sagte: »Problem gelöst! Ich bin zwar eigentlich erst als Zehnter dran, aber Fedor und ich tauschen einfach. Also, er ist ich, und ich bin er und dann bin ich morgen dran und er erst in neun Wochen, und ich kann meine Frage auch jetzt schon stellen, soll ich?«

Herr Sanders lachte auch. »Gut geregelt, Mano«, sagte er. »Aber ich möchte deine Frage wirklich erst morgen hören. Jetzt machen wir erst mal ein bisschen Erdkunde.«

Oje, Erdkunde. Und dann noch Rechtschreibung. Und Debattierklub und Sport. Die ganze Zeit musste Mano seine Frage für sich behalten, aber Freitagnachmittag durfte er sie endlich stellen. Also flitzte er von seinem Platz hinten in der Klasse zu Frau Verbeeks Pult. »Sie wissen doch, Frau Verbeek«, sagte er, »dass ich nicht gut verlieren kann, oder? Davon kriege ich richtig miese Laune und würde am liebsten alle auf den Mond schießen. Deshalb meine Frage: Wie kann ich immer gewinnen? Aber nicht durch Schummeln, sondern durch Rechnen. So, los jetzt, das ist meine wichtige Frage, und die Antwort werde ich mir garantiert mein Leben lang merken, juhu!«

MATHEAUFGABE 01: MANO

WIE KANN ICH IMMER GEWINNEN?

Hier liegen 20 M&M's und ein Rosenkohlröschen.
Wir beide nehmen uns jetzt abwechselnd M&M's und essen sie auf.

SPIELREGELN:

Du darfst dir immer ein, zwei oder drei M&M's nehmen. Wer als Letzter etwas nimmt, hat verloren.

20 M&M's minus 3 macht 17. Plus der Rosenkohl.
Insgesamt 18!
Sehr gut. Mano, du bist dran.
Du darfst also ein, zwei oder drei M&M's nehmen und essen.
Ich nehme auch drei!
Her mit der Schokolade!
Zählt ihr mit, wie viel da noch liegt?
15!
Jetzt nehme ich zwei.
13!
Ich nehme wieder drei!
Schwups! Noch 10, Herr Sanders!
Ich lasse es langsam angehen ...
Ich nehme 1.

DANN NEHM ICH AUCH 1.
DAMIT HABEN SIE NICHT GERECHNET, WAS?
DIESMAL NEHME ICH WIEDER 3.
ABER MANO …
WAS MACHST DU JETZT?
1!
3!
2!
1!
ÄH … WENN ICH WIEDER 3 NEHME, NEHMEN SIE NATÜRLICH DAS EINE M&M, DAS ÜBRIG BLEIBT, UND DANN KRIEGE ICH DEN ROSENKOHL.
ABER WENN ICH 2 NEHME, NEHMEN SIE AUCH 2, UND DANN BLEIBT AUCH DER ROSENKOHL LIEGEN.
UND WENN ICH 1 NEHME, NEHMEN SIE 3, UND ICH HAB AUCH VERLOREN!
1!
DAS IST UNGERECHT!

TJA, DANN NEHME ICH NOCH MAL SCHNELL 3 M&M'S!
GRR.
ICH DACHTE, SIE BRINGEN MIR BEI, WIE ICH GEWINNE!?
KNIRSCH
Das mache ich jetzt! Pass auf!
Als noch 5 Sachen da lagen, hast du gesehen, dass du verloren hast …
Hättest du 1 genommen, hätte ich 3 genommen.
Hättest du 2 genommen, hätte ich auch 2 genommen.
Hättest du 3 genommen, hätte ich 1 genommen.
WAS DU AUCH GETAN HÄTTEST …
DER ROSENKOHL WÄRE ÜBRIG GEBLIEBEN.
du ich
5 - 1 - 3 = Rosenkohl
5 - 2 - 2 = Rosenkohl
5 - 3 - 1 = Rosenkohl

SIEHST DU, WAS PASSIERT?
WAS DU AUCH NIMMST ... ICH SORGE DAFÜR, DASS NACH MEINER WAHL NUR NOCH 1 ÜBRIG IST ...
DER ROSENKOHL.
UND DAS MACHE ICH, INDEM ICH DAFÜR SORGE, DASS WIR BEIDE ZUSAMMEN IMMER 4 M&M'S NEHMEN.
du ich
5 - 1 - 3 = Rosenkohl
5 - 2 - 2 = Rosenkohl
5 - 3 - 1 = Rosenkohl
-4
DENSELBEN TRICK HABE ICH EINEN SCHRITT ZUVOR AUCH ANGEWENDET.
DA LAGEN NOCH 9 DA, UND ICH WOLLTE ERREICHEN, DASS WIR AUF 5 KAMEN.
ES GING IMMER UM 4ER-SCHRITTE.
21 → 17 → 13 → 9 → 5 → 1
-4 -4 -4 -4 -4

… dann hättest du es so drehen können, dass wir von **21** auf **17** auf **13** auf **9** auf **5** und auf **1** gekommen wären.

Und dann hätte ich den Rosenkohl nehmen müssen.

SPÄTER
IM LEHRERZIMMER

»Die erste Mathestunde ist zum Glück gut gelaufen. Ich hab gehört, dass ein englischer Mathematiker dieses Spiel mit zwanzig Stückchen Schokolade und einer roten Chili spielt. Er lässt die Kinder immer wieder aufs Neue gegen ihn antreten, bis sie den Trick endlich durchschauen und gewinnen. Aber bis dahin müssen sie manchmal zehn rote Chilis essen. Stell dir vor, was Mano da für ein Gesicht gemacht hätte!«

EIN BAD, IN DEM MAN GANZ ABTAUCHEN KANN

ROMÉES FRAGE

Zu wenig Wasser.

Endlich saß Romée in der Badewanne – endlich –, aber die ganze Zeit ragten ihre Knie aus dem Schaum heraus.

Sie setzte sich etwas aufrechter hin, und tatsächlich rutschten ihre Knie nach unten, aber dafür fror sie jetzt an den Schultern.

Romée hob den Arm aus dem Wasser (schwaaaaa machte das triefende Wasser, und kpplkkppppll machten die platzenden Schaumbläschen) und drehte den Hahn auf. Vielleicht konnte sie ja doch ganz im Schaum versinken.

Sie hatte die Tür abgeschlossen, und Essen gab es erst in einer Stunde. Romée brauchte unbedingt Zeit für sich allein. Und sie musste unbedingt mal abtauchen. Bei ihr zu Hause war immer so viel los. Ihre drei Brüder waren zwar echt witzig, aber sie waren auch wie Feuerwehrautos. Sie sausten von oben nach unten durchs Haus und brüllten ununterbrochen. Sie konnte sich in den Schuppen zurückziehen, aber da werkelte Papa. Sie konnte sich in den Garten zurückziehen, aber da quatschte Mama mit ihren Freundinnen.

Mit Müttern von Kindern aus Romées Klasse.

Roos' Mutter und Manos Mutter.

Die waren natürlich beide ganz nett, aber weil sie die Mütter von Roos und Mano waren, hatten sie auch mit einem großen Geheimnis zu tun.

Und zwar:

O nein,

Romée konnte nicht mal daran denken.

Oder doch, sie musste, denn wie sollte es jetzt weitergehen?

Romée und Roos waren schon seit der Vorschule beste Freundinnen. R&R wurden sie genannt. Roos war lieb, sie hatte weiße Wangen und Haare und trug T-Shirts mit zarten blauen Spitzenborten, die ihre Mutter selbst machte, sie hatte ganz dünne Finger, die gut kratzen konnten, wenn es einen juckte und es Sommer war und man zu zweit im Planschbecken im Garten saß. Aber in letzter Zeit waren ihre Wangen mehr rot als weiß. Denn sie war verliebt. Romée hatte es erst nicht ernst genommen, denn sie war noch nie verliebt gewesen, wie fühlte sich das überhaupt an? Aber Roos blieb verliebt, und zwar in Mano, und es wurde immer schlimmer. Sie hatte es nur Romée erzählt, und die durfte es ab-so-lut niemandem weitersagen und schon-gar-nicht-Mano-ver-sprichst-du-das-Romée? »Natürlich«, hatte Romée gesagt.

Aber dann war heute etwas ganz Schlimmes passiert. Auf dem Schulhof.

Roos war mit Nille, die Geburtstag hatte, durch die Klassen gelaufen, um Süßigkeiten zu verteilen, als plötzlich Mano auftauchte, direkt vor Romées Nase. Er machte ein bisschen Quatsch und brachte Romée zum Lachen, denn über Mano musste man einfach immer lachen. Aber dann fragte er, ob sie mit ihm zusammen sein wollte.

»Was?«, fragte Romée.

»Na, du und ich«, sagte Mano. »Du weißt schon.«

Und das hatte Romée so verwirrt, dass sie etwas ganz Schlimmes sagte. »Das geht doch nicht, Roos ist in dich verliebt.«

Das sagte sie, und damit verriet sie ihre beste Freundin, und Mano lief einfach weg, und hoffentlich erfuhr Roos nichts davon, denn noch schlimmer war – Romée drehte den Wasserhahn zu und ließ sich so tief wie möglich in den Schaum sinken –, noch schlimmer war, dass sie jetzt auch verliebt war. In Mano. Er sah so witzig aus und auch so schön mit seiner Tolle. Und Roos wusste von nichts und war weiter den ganzen Tag rot gewesen, und Romée war die mieseste Freundin der Welt und überhaupt aller Welten. Was war jetzt mit den Müttern, die draußen saßen? Bestimmt wussten die längst Bescheid, denn Mütter wissen immer Bescheid.

Was war mit Roos?

Die war jetzt reiten, aber bald kam sie zurück, und dann?

Und was war mit ihr selbst?

Sie konnte doch nicht zu Roos sagen, dass Mano nicht in Roos verliebt war, sondern in sie, Romée, und sie jetzt auch in ihn – und dann war sie auch noch mit ihrer Matheaufgabe dran, und sie konnte doch nichts über Verliebtheit fragen!

Sie weinte.

Das fiel gar nicht auf, denn die Tränen tropften direkt in den Schaum und wurden zu Badewasser.

Aber sie weinte wirklich.

MATHEAUFGABE 02: Romée

KANN MAN IN TRÄNEN BADEN?

DURCHSCHNITT*
Man berechnet den Durchschnitt einer Zahlenreihe, indem man
- alle Zahlen zusammenzählt
- und durch die Anzahl der Zahlen teilt.

* Diese farbigen Kästchen mit Erklärungen mathematischer Begriffe sind hinten im Buch alle noch mal aufgeführt.

Das menschliche Auge kann etwa sechs Tränen pro Minute bilden.
WOHER WISSEN SIE DAS, FRAU VERBEEK?
DAS HABE ICH IM INTERNET GEFUNDEN. ES GIBT SOGAR EINE WEBSITE »ZEHN DINGE ÜBER DAS WEINEN«.
10
OKAY, SECHS TRÄNEN PRO AUGE, ABER WIR HABEN JA ZWEI AUGEN ...
DAS MACHT ZWEI MAL SECHS GLEICH ZWÖLF TRÄNEN PRO MINUTE.
STIMMT, UND DESHALB WEINT EIN BABY IM ERSTEN LEBENSJAHR ...
Erstes Lebensjahr (Baby)
mal
365 x 60 Minuten pro Tag = 21.900 Minuten
21.900 Minuten x 12 Tränen pro Minute
= 262.800 Tränen

2. bis einschließlich 13. Lebensjahr (Kind)

1200 Weinanfälle **x 5** Minuten = **6000** Minuten
6000 Minuten **x 12** Tränen pro Minute = **72.000** Tränen

IN EUROPA WERDEN WIR UM DIE 80 JAHRE ALT. DESHALB ZÄHLEN WIR ZU DEN ERSTEN 13 JAHREN, DIE WIR SCHON BERECHNET HABEN, NOCH 70 JAHRE WEINEN DAZU.

Die nächsten 70 Jahre

Männer:
70 Jahre **x 12** Mal pro Jahr = **840** Weinanfälle
840 Weinanfälle **x 3** Minuten = **2520** Minuten
2520 Minuten **x 12** Tränen pro Minute = **30.420** Tränen

Die nächsten 70 Jahre

Frauen:
70 Jahre **x 60** Mal pro Jahr = **4200** Weinanfälle
4200 Weinanfälle **x 6** Minuten = **25.200** Minuten
25.200 Minuten **x 12** Tränen pro Minute = **302.400** Tränen

	Männer	Frauen
Baby (**0-1**)	**262.800**	**262.800**
Kind (**1-13**)	**72.000**	**72.000**
danach (**13-83**)	**30.240**	**302.400**
gesamt	**365.040**	**637.200**

Eine Träne ist sehr klein …

20 Tränen ergeben ungefähr einen Milliliter.

Nehmen wir mal die **637.200** Frauentränen, davon ergeben immer 20 einen Milliliter. Jetzt müssen wir **637.200** durch 20 teilen, um zu sehen, wie viel Milliliter das sind.

31.860 Milliliter.

HOHLMAßE

1 Liter = **10** Deziliter = **100** Zentiliter = **1000** Milliliter

Reicht das, um eine Badewanne damit zu füllen und darin einzutauchen?

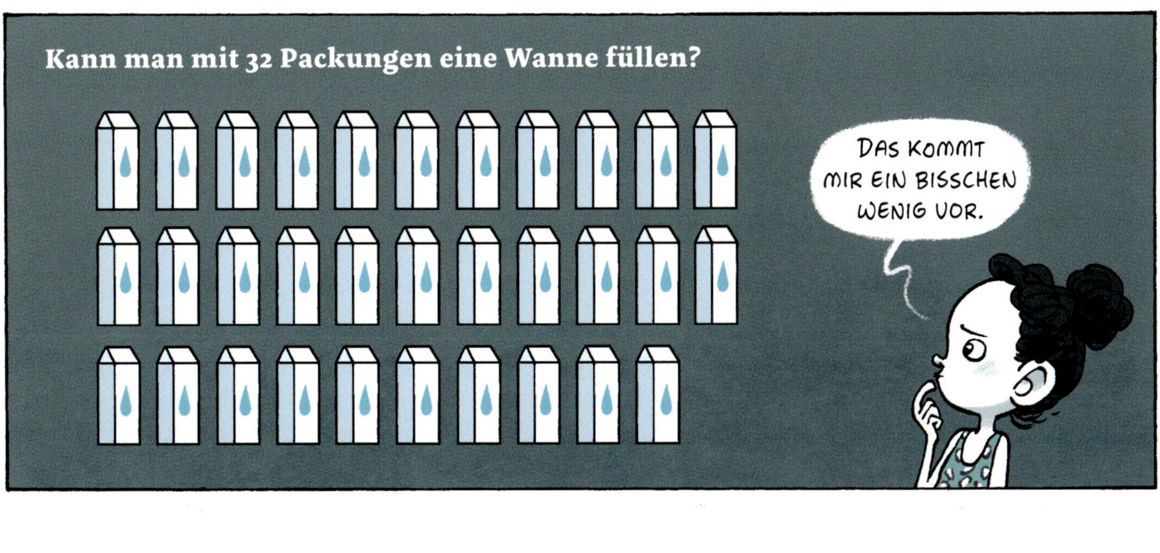

Du hast recht, ein Vollbad kann gut und gerne **120** Liter haben. **32** Liter Tränen reichen also nicht.

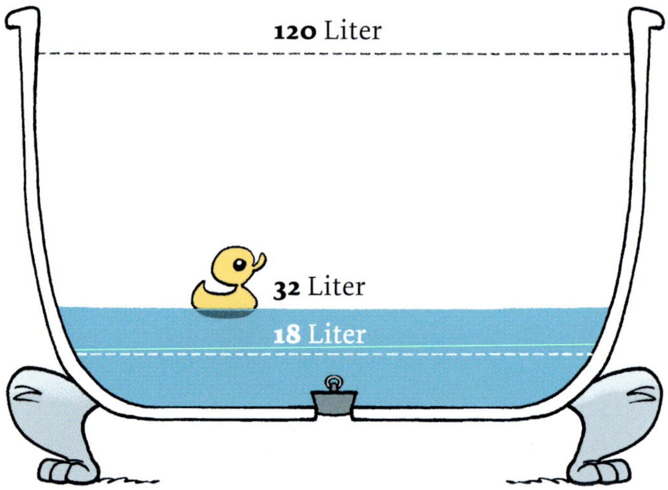

Und die Tränen der Männer sind bloß eine kleine Pfütze. Ihre **365.040** Tränen ergeben nur gut **18** Liter.

SPÄTER

BEI FRAU VERBEEK ZU HAUSE

»Als ich vor der Mathestunde nachgeschlagen habe, wie groß Tränen sind, habe ich auch noch gelernt, dass nicht alle Tränen gleich sind. Es gibt drei verschiedene Sorten. Zum einen produziert das Auge, ohne dass wir es merken, den ganzen Tag Tränenflüssigkeit, damit der Augapfel feucht bleibt. Und dann gibt es noch zwei Sorten Tränen, die über die Wangen rollen. Die einen werden durch Gefühle ausgelöst: wenn man traurig oder aber sehr glücklich ist. Die anderen haben eine Schutzfunktion: Sie kommen, wenn man Zwiebeln schneidet oder gegen den Wind läuft. Und diese drei Sorten Tränen sind alle unterschiedlich beschaffen.«

DESSERT FÜR SIEBEN

DIEDES FRAGE

Eine komische Woche war das, dachte Diede, als sie mit dem Fahrrad nach Hause fuhr. Ihre Mutter sagte immer: Man soll nicht tratschen, denn Tratschen ist so, als ob man gesunde Pflanzen mit Gift bespritzt. Doch was sollte man machen, wenn man deutlich spürte, dass etwas los war, aber keiner was sagte? Dann wollte man doch mit jemandem darüber sprechen! War das dann schon Tratschen? Und war es nur Tratschen, wenn man schlecht über jemanden redete?
Es hatte mit Roos und Romée zu tun. Die beiden waren schon ewig lang beste Freundinnen, sie bezeichneten sich selbst oft als Zwillingsfreundinnen. Die eine beendete den Satz der anderen, und in der Pause standen sie immer zusammen. Aber sie standen so, dass jeder dazukommen konnte, das war das Besondere. Niemand brauchte Angst zu haben, dass sie hinter seinem Rücken über ihn redeten. Man darf nicht tratschen, dachte Diede wieder, und dass Romée und Roos ja eigentlich gesunde Pflanzen waren.
Aber vielleicht stimmte das nicht mehr.

Im Grunde sah es nicht so aus, als hätten R&R sich gestritten. Sie standen immer noch zusammen, und sie redeten auch noch miteinander. Aber das Reden hatte sich verändert. Ja, genau, dachte Diede, während sie von der Hauptstraße in ihr Viertel einbog. Wenn niemand mit ihnen zusammenstand, sah es so aus, als ob sie über so schwierige Themen wie die Erderwärmung diskutierten – sie runzelten immerzu die Stirn. Und wenn Nille und Saya und sie dabei waren, hörten sie ihnen mehr zu als einander. Komisch. Eigentlich war es also netter als früher, aber gleichzeitig war es nicht mehr so schön.
Irgendwas hatten die beiden, aber was?
Und mit wem konnte Diede darüber sprechen, ohne dass es nach Tratschen aussah?
»Elise!«, rief sie, als sie in die Küche kam und sah, dass ihre große Schwester etwas backte.

NO
MOO

»Schwesterchen!«, rief Elise, die in der nächstgrößeren Stadt eine Ausbildung zur Konditorin machte, zum Glück aber noch oft nach Hause kam. »Ich brauche den Ofen«, sagte sie dann immer, und Diede flüsterte jedes Mal leise: »Yes!«
Diede stellte ihre Tasche unter der Treppe ab, hängte ihre Jacke an die Garderobe und fragte: »Was für einen Kuchen backst du denn?«
»Keinen Kuchen«, sagte Elise. »Schokoladen-Rote-Bete-Muffins.«
Ganz kurz dachte Diede: Ich kann Elise fragen. Die hat so viele Freundinnen. Bestimmt weiß sie, wie man ein Problem so bespricht, dass es nicht gemein wird, ein Problem, das man nicht versteht und das einem doch auf der Seele liegt. Aber da sagte Elise: »Diede, ich hab ein superleckeres Rezept für deine Party nächste Woche. Erst wollte ich einfach eine Kitkat-M&M-Torte backen, aber ist es nicht viel schöner, wenn wir alle zusammen etwas machen? Ich hab ein ganz besonderes Rezept gefunden, es heißt *Eton Mess*, das bedeutet ›das Durcheinander von Eton‹. Das erkläre ich dir noch. Was hältst du davon? Es macht echt Spaß, das zu machen, und ich könnte dann …«

»Jaaa!«, rief Diede und lief auf Elise zu, um sie kurz, nur ganz kurz feste zu drücken.

»Hoho«, sagte Elise. »Womit hab ich das denn verdient?«
»Nur so«, sagte Diede.
»Hihi«, machte Elise. »Wie viele sind wir? Hier ist ein Rezept für vier Personen. Wenn wir zu acht sind, nehme ich einfach die doppelte Menge.«
»Wir sind du und ich und Mama«, sagte Diede, »und dann noch Saya, Nille und Roos und Ro…« Diede stockte, weil sie plötzlich wieder an die komische Sache von dieser Woche dachte. An Roos und Romée.
»Meinst du Romée?«, fragte Elise. »Dann sind wir also sieben?«
»Ja«, sagte Diede. »Aber …«
»Was ist?«
»Elise, wenn ich dich wegen jemandem aus der Schule um Rat frage, dann ist das doch kein Tratschen, oder?«

MATHEAUFGABE **03**: Diede

WIE MACHE ICH EIN DESSERT FÜR SIEBEN PERSONEN?

ETON MESS

für vier Personen

12 Baisers

200 ml Sahne

400 g Erdbeeren

GEWICHTSMAẞE

1 Kilo ⟶ **1000** Gramm

UND WIE MACHT MAN DANN HIERMIT DAS DESSERT?
Die Hälfte der Erdbeeren wird klein geschnitten ...
und die andere Hälfte mit der Gabel zu Mus zerdrückt.
Dann zerbröckelt man die Baisers ...
und schlägt die Sahne steif.
Schließlich schichtet man alles in einem schönen großen Glas.
UND JETZT WOLLEN WIR DAS GLEICHE FÜR SIEBEN PERSONEN MACHEN. DENN WENN WIR AUS DEM REZEPT MIT DIESEN MENGENANGABEN SIEBEN PORTIONEN MACHEN ...
... KRIEGT JEDER VIEL ZU WENIG.
DESHALB RECHNEN WIR GEMEINSAM UM, WIE VIEL MAN FÜR SIEBEN PERSONEN BRAUCHT.

Für eine Person

geteilt durch

Baisers:	**12 : 4**	= **3**
Sahne:	**200** ml **: 4**	= **50** ml
Erdbeeren:	**400** g **: 4**	= **100** g

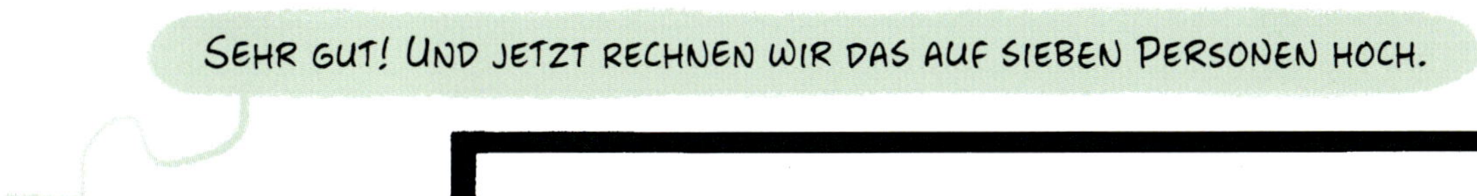

Für sieben Personen

Baisers:	**3 x 7**	= **21**
Sahne:	**50** ml **x 7**	= **350** ml
Erdbeeren:	**100** g **x 7**	= **700** g

Wenn du es für drei oder sechs Personen berechnen willst, geht es genauso.
Wie viele Baisers braucht man für drei, Sven?
3 mal 3, also 9!
Und Fedor, wenn man das Dessert für zwei macht, wie viel Sahne braucht man dann?
50 ml
50 ml
2 mal 50 ml, das sind 100 ml.
Und wie viel Erdbeeren für einen Lehrer und zweiundzwanzig Kinder?
Megaviel!

Der Name *Eton Mess* bedeutet »das Durcheinander von Eton«, und Eton ist ein sehr nobles Internat in England.
Dieses Dessert wird dort schon seit Jahrhunderten nach Sportwettkämpfen gegessen. Das Internat Lancin hat übrigens sein eigenes *Mess* mit Bananen.
SOLLEN WIR UNSER EIGENES THEO-THIJSSEN-MESS ERFINDEN?
WAS IST EUER LIEBLINGSOBST?
HIMBEEREN!
MANDARINEN
M&M'S!
PAPAYAS
BROM-BEEREN!
KIWIS
TRAUBEN!
ROSENKOHL!

SPÄTER

NOCH EIN TIPP VON ELISE

Die Baisers kann man auch selbst machen. Für zwölf Stück braucht man 3 Eiweiß und 125 Gramm weißen Zucker. Das Eiweiß schlagen, bis es steif ist, dann den Zucker einrühren, bis man glänzende Zipfel formen kann, die stehen bleiben. Von dieser Masse zwölf Kringel auf ein Backblech setzen und bei 125 Grad eine halbe Stunde backen. Den Ofen ausschalten und noch fünf Minuten im Ofen abkühlen lassen.

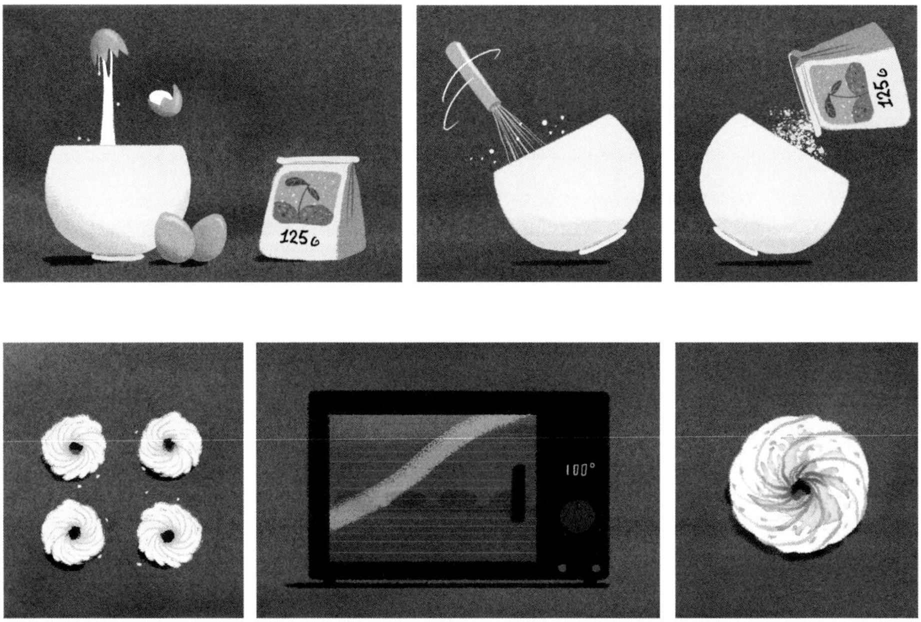

FACETIMEN MIT PAPA

DIE FRAGE VOM EINEN PATRICK

»Pattemann!«
»Pap, du hattest versprochen, mich nicht mehr so zu nennen.«
»Na ja, hmhm.«
»Und, wo bist du jetzt?«
»In Singapur. Mein Reiseplan hängt doch in der Küche, oder?«
»Jaja. Hattest du einen ruhigen Flug?«
»So ruhig, dass wir ein paar Kinder ins Cockpit eingeladen haben. Da waren ein paar nette Mädchen dabei. Ich hab ihnen ein Foto von dir gezeigt.«
»Lass den Quatsch, Pap.«
»Schon gut, ich will dich ja nur ein bisschen aufziehen. Wie war's in der Schule?«
»Ich bin mit der Matheaufgabe dran.«
»Ah, und, hast du schon was?«
»Ich will irgendwas mit Astronomie machen, aber sie sollen mich nicht für einen Nerd halten.«
»Wie Nerd, was Nerd? Nerds lenken diese Welt, mein Sohn, und außerdem kann es dir piepegal sein, was die anderen über dich ...«
»Hör auf damit, Pap.«
»Was? Ich hab einfach recht. Sonst mach was über den Perseidenschauer, den gucken wir uns doch jedes Jahr ...«
»Warte mal kurz, der andere Patrick kommt grad.«

STAR PLANET
THE MUSICAL
DARK STAR
HEELAL

[*Zum anderen Patrick*] »Hi. Ich facetime grad mit meinem Vater, da sind Chips, bedien dich.«
[*Antwort vom anderen Patrick unverständlich*]
[*Zum anderen Patrick*] »Perseidenschauer? Hm? Da bin ich im Sommer mit meinem Vater mitten in der Nacht zur Sternwarte gegangen, wir hatten Liegen dabei und haben ganz viele Sternschnuppen gesehen. Das kommt daher, dass die Erde dann durch den Staub vom Schweif des Swift-Tuttle saust.«
[*Antwort vom anderen Patrick unverständlich*]
[*Zum anderen Patrick*] »Swift-Tuttle ist ein Komet.«
[*Antwort vom anderen Patrick unverständlich*]
[*Zum anderen Patrick*] »Nee, stimmt, daraus kann man keine Matheaufgabe machen.«
»Pap, daraus kann ich keine Matheaufgabe machen.«
»Dann mach was über die Ausdehnung des Weltalls, ich hab irgendwo gelesen, dass das schneller geht, als wir bisher dachten. Oder über Doppelsterne. Oder darüber, dass der Saturn neulich wieder in Opposition stand. Oder wie wär's mit Gravitationswellen?«
»Pap, das kapiert doch niemand!«
»Ist das wichtig?«
»Ja, absolut, sonst denken sie alle, ich wär …«
»… ein Nerd, jaja, aber ich sage dir: Nerds werden Wissenschaftler, und Wissenschaftler retten die Menschheit. Sollen die anderen doch denken, was sie …«
»Pap, hör auf!«
[*Zum anderen Patrick*] »Ja, natürlich will ich auch noch was, futterst du etwa die ganze Tüte auf?«
»Hast du denn schon eine Frage, mein Junge?«
»Ich nehme irgendwas Einfaches. Irgendwas, was der andere Patrick auch verstehen kann.«
[*Zum anderen Patrick*] »Yo, machen wir eine Kissenschlacht? Waaaaaaa!«
»Pat?«
[*Kissenschlachtgeräusche*]
»Pattemann?«
ploing

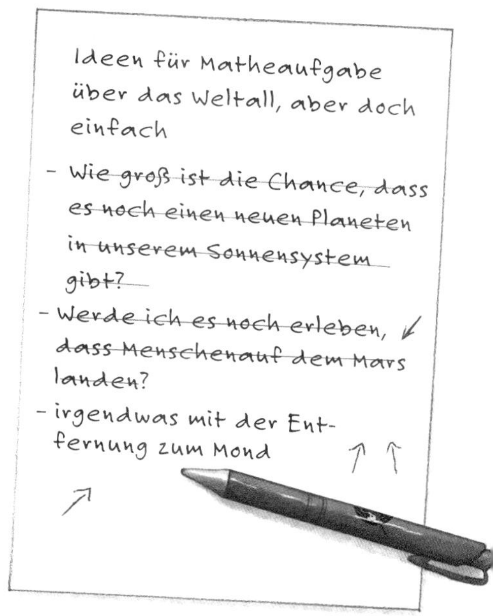

MATHEAUFGABE 04:
ANGENOMMEN, MAN WÜRDE EINE BRÜCKE VON DER ERDE ZUM MOND BAUEN. WENN WIR JETZT GLEICH LOSGEHEN WÜRDEN, KÄMEN WIR DANN AN, BEVOR WIR ALT SIND?
DER MOND IST UNGEFÄHR 384.450 KILOMETER VON DER ERDE ENTFERNT.
384.450 km
SCHAUEN WIR MAL, WIE LANGE MAN ZU FUSS FÜR DIESE STRECKE BRAUCHT.
WIE WEIT KANN MAN AN EINEM TAG GEHEN?
BEIM VIER-ABEND-MARSCH SIND WIR JEDEN ABEND 5 KILOMETER GELAUFEN.
UND DAS HAT UNGEFÄHR EINE STUNDE GEDAUERT.
SEHR GUT.
DANN SCHAFFEN WIR ALSO UNGEFÄHR 5 KILOMETER PRO STUNDE.
Wenn man jeden Tag 8 Stunden geht, sind das 8 × 5 = 40 Kilometer.
Das ist ungefähr so weit wie von Amsterdam nach Leiden.
40 km

DER MOND IST 384.450 KILOMETER ENTFERNT.
WIR SCHAFFEN PRO TAG 40 KILOMETER ...
PATRICK, IN WIE VIELEN TAGEN ERREICHEN WIR DEN MOND?
WIR RECHNEN 384.450 GETEILT DURCH 40.
ÄHM ...
WIR NEHMEN LIEBER DEN TASCHENRECHNER.
MOMENT ...
Wie viele Tage brauchen wir bis zum Mond?
384.450 km : 40 km pro Tag = 9611 Tage.
UND WIE VIELE JAHRE SIND DAS?

EIN JAHR HAT 365 TAGE ...
ALSO 9611 GE-TEILT DURCH 365...
TASCHENRECHNER.
Wie viele Jahre braucht man bis zum Mond?
9611 Tage: 365 = ca. 26 Jahre und 4 Monate.
WENN WIR JETZT LOS-MARSCHIEREN, KOMME ICH MIT 37 AN!
ICH AUCH!
ICH MIT 36!
WIR KOMMEN SOGAR EIN BISSCHEN FRÜHER AN, DENN IN DEN SCHALT-JAHREN HABEN WIR EINEN TAG MEHR.

Ich hab es auch für den Mars ausgerechnet. Bis dorthin würden wir über **15.000** Jahre brauchen.

Und zum Pluto, dem Zwergplaneten am Rand unseres Sonnensystems, braucht man etwa **340.000** Jahre.

Komischerweise fliegen die meisten Astronauten gar nicht so weit weg. In der Internationalen Raumstation ISS schweben sie »nur« **400** Kilometer über der Erde.

SPÄTER

PATRICK 1 AUF FACETIME ZU SEINEM VATER

»Hi Pap, Frau Verbeek hat erzählt, sie hat 2018 in Amerika eine totale Sonnenfinsternis erlebt. Und es ist ein großer Zufall, sagt sie, dass der Mond und die Sonne von der Erde aus gesehen ungefähr gleich groß wirken, denn nur deshalb gibt es so etwas Schönes wie die Sonnenfinsternis. Wäre der Mond größer, könnte man den Strahlenkranz der Sonne nicht mehr sehen. Und wäre er nur ein winziges bisschen kleiner, gäbe es NIEMALS eine totale Sonnenfinsternis.«

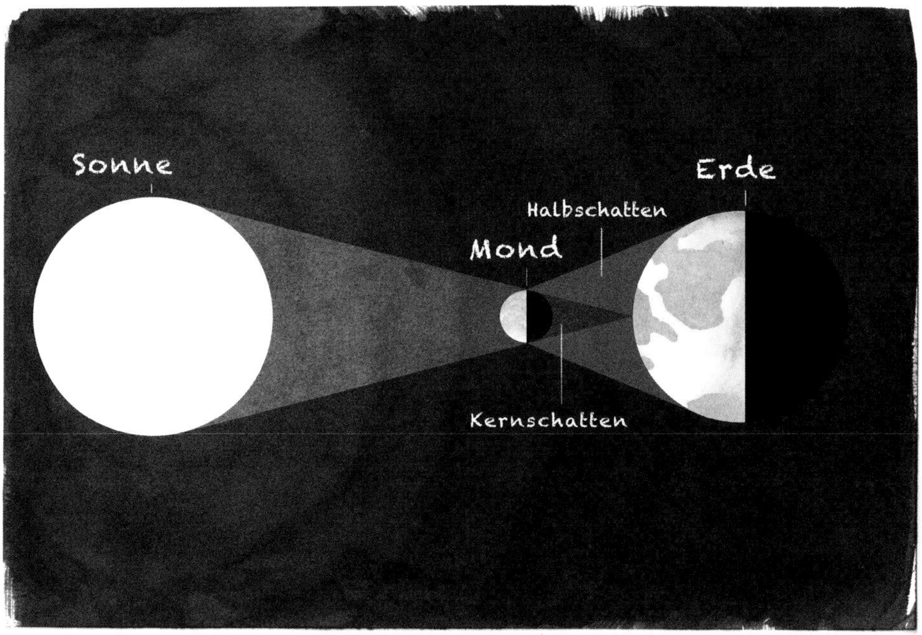

KLEINE EGOISTEN

DIE FRAGE VOM ANDEREN PATRICK

Ich hab ein bisschen zu viel Türkischen Honig gegessen, dachte Patrick. Er stopfte seine Schuhe in die Sporttasche, denn sie waren neu, und seine Mutter hatte ihn gebeten, diesmal wirklich gut darauf aufzupassen. Also durfte er sie nicht unter dem Spind stehen lassen, sondern musste sie in die Tasche packen, die Tasche direkt in den Spind einschließen und den Schlüssel in die Innentasche seiner Fußballhose stecken. Ein ganz schöner Aufwand, fand er.
Und er hatte echt ein bisschen zu viel Türkischen Honig gegessen. Zusammen mit P1.
Oh, da kam der Trainer.

Schnell setzte Patrick sich hin. Die ganze Mannschaft setzte sich schnell hin. Patrick schob seine Tasche solange unter die Bank der Umkleide.
»So, ihr Trantüten«, sagte der Trainer. Sie hatten dreimal hintereinander verloren, und heute war das letzte Training vor dem Spiel am Samstag. Sie durften nicht schon wieder verlieren, sonst beschwerten sich die Eltern über den Trainer, und das machte den verrückt. Deshalb hielt er ihnen jetzt eine Standpauke.

»Ich hab eine harte Wahrheit für euch. Eine richtig harte. Ihr …«
Er ließ seinen Drohblick erst über die Jungs auf der linken Umkleidebank schweifen, dann über die auf der rechten. Patrick saß auch noch ausgerechnet ganz vorn. Stur zurückgucken und an Hundekotze denken, sagte P1 immer, und das versuchte Patrick nun, Hundekotze, Hundekotze, Hundekotze.

»Ihr«, sagte der Trainer wieder, »ihr wisst nicht, was Freundschaft ist. Ihr geht nicht füreinander durchs Feuer. Fußball ist ein Teamsport, aber ihr würdet wahrscheinlich lieber Badminton spielen. Oder Pingpong. Oder Dame. Ein Freund denkt zuerst an den anderen und dann erst an sich selbst. Ein Freund weiß schon, was der andere vorhat, bevor der es tut. Und ihr … ihr seid kleine Egoisten. Wisst ihr, was das sind, Egoisten? Das seid ihr. Ihr wollt anscheinend keine Freunde füreinander sein, und deshalb …«
Hundekotze, Hundekotze, Hundekotze, dachte Patrick.

Fußball war Grasgeruch. Fußball war das dumpfe *Buff*, wenn man den Ball auf den Spann bekam.
Fußball war der Jubel aus vollem Hals, wenn die eigene Mannschaft ein Tor geschossen hatte.
Fußball war so erschöpft sein, dass man sich hinterher mit dem Mund auf dem Kakaobecher abstützen wollte.
Fußball war P1 stundenlang davon erzählen, warum Fußball so toll war.
Aber der Trainer machte Fußball schwer. Er kippte erst einen Eimer voll Beleidigungen über der Mannschaft aus, bevor er sie auf den Platz schickte.
Wenn sie verloren, tat er so, als ob sie dreimal hintereinander abgestiegen wären.
Und jetzt behauptete er, sie hätten keine Ahnung von Freundschaft.

P1 und P2 – so hatten sie sich schon bald genannt, denn sie hießen nun mal alle beide Patrick.

»Das ist aber komisch«, hatte sein Onkel Jeffrey gesagt. Bei ihm gingen sie am Wochenende oft essen, denn er hatte eine Imbissbude. »P1 und P2, ihr seid doch kein Parkhaus!« Darüber mussten sie immer noch manchmal lachen.
Sie mochten beide gern Türkischen Honig, auch wenn der überhaupt nicht mehr angesagt war.
Aber sie waren auch sehr unterschiedlich, denn P1 war ein Nerd, und er selbst war ein Sportler. Aber das machte nichts, überhaupt nicht.
Sie beendeten die Sätze des anderen.
Sie schlugen einander mit den riesengroßen Kissen, die bei P1 auf dem Bett lagen, das Hirn zu Brei.
Und letzte Woche hatten sich drei Jungs von der Alfrink-Schule P1 in den Weg gestellt. P1 hatte ihm erst nichts davon erzählt, aber er hatte ihm angesehen, dass irgendwas war. So was wusste man einfach, Freunde haben dafür ein Gespür. Sie brauchten gar nichts zu sagen, denn sie konnten die Gedanken des anderen lesen. Er wurde so sauer wegen der Sache mit den drei Jungs, dass er P1 so lange bequatscht hatte, bis der zusammen mit ihm mit dem Rad laut bellend hinter den Scheiß-Alfrinkern hergerast war. »Echt«, hatte er zu P1 gesagt. »Wir bellen einfach. Als ob wir sie beißen wollten. Dann kriegen sie Schiss und machen so was nie wieder.«
Und es hatte gewirkt. Wenn er daran dachte, musste er wieder lachen …
»PATRICK HOFLAND!«, brüllte der Trainer. »WAS GIBT ES DA ZU LACHEN? WAS?«
Und auf einmal reichte es Patrick.
Er zog seine Tasche, die er zum Glück noch nicht eingeschlossen hatte, unter der Bank hervor. Dann stand er auf und ging.
Die ganze Mannschaft erstarrte.
Der Trainer rief: »Wo willst du hin?«

Aber Patrick ging einfach an ihm vorbei und sagte: »Ich hab zu viel Türkischen Honig gegessen.«

»Huch?«, sagte Mama. »Schon zu Hause? Du hast ja dein Trikot noch an!«
Aber Patrick rannte die Treppe hoch in sein Zimmer.
Er schickte seinem Vater eine Mail: *Ich höre mit Fußball auf. Der Trainer hat recht, ich gehe für ihn nicht durchs Feuer.*
Für die Schule schrieb er einen Zettel: *Lieber Herr Sanders und liebe Frau Verbeek, können Sie sich bitte etwas mit Fußball und Mathe ausdenken, vielleicht macht das ja wenigstens ein bisschen Spaß.*
Und er rief P1 an.
Da sprang nur die Mailbox an.
Also sprach er was drauf.

»Yo, Parkhaus. Ich komm jetzt zu dir. Fußball ist ausgefallen. Der Trainer hat sich das Bein gebrochen. Ausgerutscht. Und weißt du, worauf? Auf einer Riesenpfütze Hundekotze.«

MATHEAUFGABE **05**: patrick2

Kann man sich was Schönes mit Fußball und Mathe ausdenken?

Wenn ich euch verrate, dass der Ball zwölf schwarze Fünfecke hat, könnt ihr dann ausrechnen, wie viel weiße Sechsecke er hat?
Eins
zwei
drei
... ohne nachzuzählen.
Guck dir den Ball mal genau an, Patrick.
Neben jedem schwarzen Fleck sind fünf weiße Flecken.
Wir nehmen also zwölf mal fünf Flecken.
Das macht sechzig ...
Aber zählt man sie dann nicht doppelt?

SEHR GUT, SO ZÄHLT MAN SIE TATSÄCHLICH DOPPELT.
WIE OFT HAT MANO EBEN JEDEN WEIẞEN FLECK MITGEZÄHLT?
DREIMAL, DENN JEDER WEIẞE FLECK GRENZT AN DREI SCHWARZE.
GENAU. UM AUF DIE RICHTIGE ANZAHL ZU KOMMEN, MÜSSEN WIR DIE SECHZIG VON MANO ALSO DURCH DREI TEILEN ...
ZWANZIG ...
ES SIND ZWANZIG WEIẞE FLECKEN.
DAS IST ZWAR MATHE MIT FUẞBALL, ABER WENN ICH EIN TOR SCHIEẞEN WILL, BRINGT MIR DAS NICHT VIEL!
HA, ICH BIN JA AUCH NOCH LANGE NICHT FERTIG.
DENN JETZT RECHNEN WIR MIT STRAFSTÖẞEN.
MIT ELFMETER-SCHÜSSEN.

Viele Fußballvereine haben Experten eingestellt, die versuchen zu berechnen, wie man Elfmeterschüsse am besten halten kann.
Vor allem die Deutschen sind darin sehr gut.
Sie gewinnen viel häufiger im Elfmeterschießen als andere Länder.

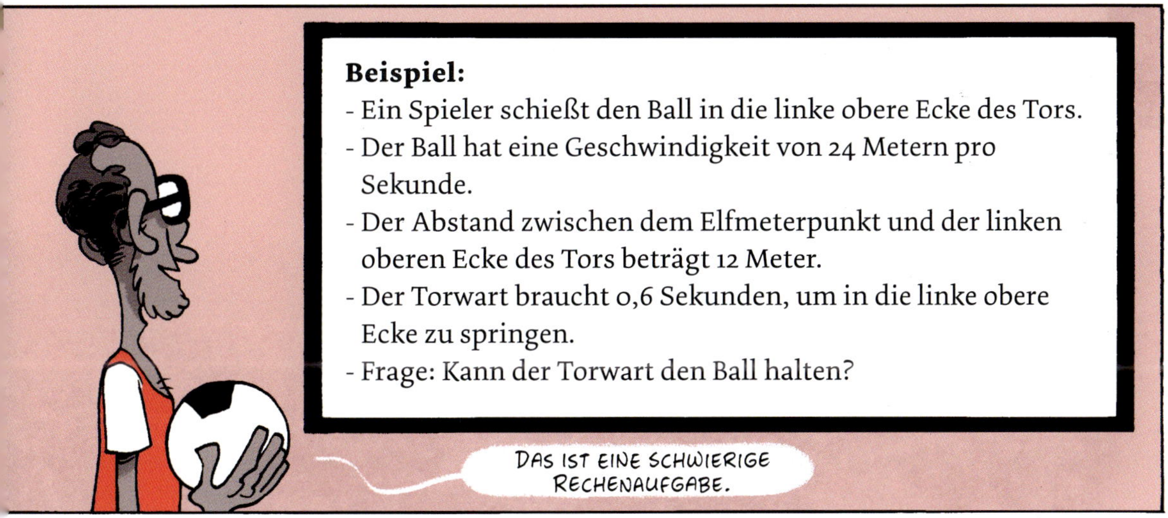
Beispiel:
- Ein Spieler schießt den Ball in die linke obere Ecke des Tors.
- Der Ball hat eine Geschwindigkeit von 24 Metern pro Sekunde.
- Der Abstand zwischen dem Elfmeterpunkt und der linken oberen Ecke des Tors beträgt 12 Meter.
- Der Torwart braucht 0,6 Sekunden, um in die linke obere Ecke zu springen.
- Frage: Kann der Torwart den Ball halten?
DAS IST EINE SCHWIERIGE RECHENAUFGABE.

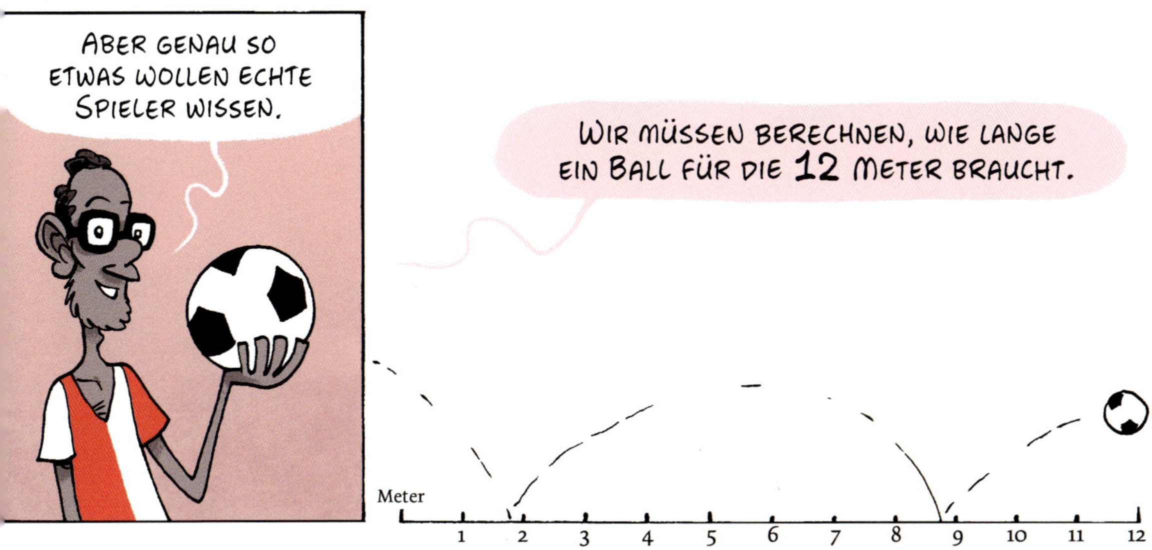
ABER GENAU SO ETWAS WOLLEN ECHTE SPIELER WISSEN.
WIR MÜSSEN BERECHNEN, WIE LANGE EIN BALL FÜR DIE 12 METER BRAUCHT.
Meter
1 2 3 4 5 6 7 8 9 10 11 12

12 Meter : **24** Meter pro Sekunde =
1 : 2 Sekunden = ½ Sekunde = **0,5** Sekunden

BRÜCHE

Ein Bruch ist eine gebrochene Zahl. Sie ist in gleich große Teile aufgeteilt. Und man hat nicht mehr alle Teile beisammen.
Über dem Strich steht, wie viele Teile man noch hat.
Unter dem Strich steht, wie viele es sein müssten.

$\frac{5}{8}$ bedeutet also:

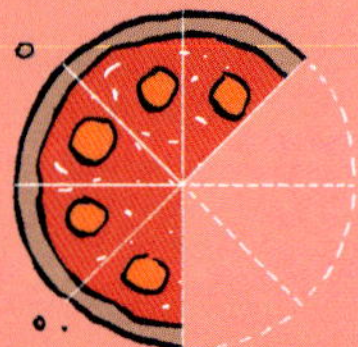

5 Teile von **8**.

Gesprochen: fünf Achtel.

Und: $\frac{2}{3}$

2 Teile von **3**.

Gesprochen: zwei Drittel.

Ach ja: Die Zahl über dem Strich heißt **Zähler**, die unter dem Strich **Nenner**.

DEZIMALZAHLEN

Dezimalzahlen sind auch Brüche. Sie sind in **Zehntel** zerteilt. Die Zehntel stehen an der **ersten Stelle hinter dem Komma**.
1,4 bedeutet also:
1 Ganzes und **4** Zehntel (**4** von **10** Teilen).
Gesprochen: eins Komma vier.
6,9 bedeutet:
6 Ganze und **9** Zehntel (**9** von **10** Teilen).
Gesprochen: sechs Komma neun.
Ah, und kann man die Zehntel noch weiter teilen?
Ja, das sind dann **Hundertstel**. Die stehen an **zweiter Stelle hinter dem Komma**. Und kann man die **Hundertstel** noch weiter teilen? Ja, das sind **Tausendstel**. Die stehen an **dritter Stelle hinter dem Komma**. Und kann man die noch weiter teilen? Ja, es geht immer so weiter.
Oktillionstel stehen zum Beispiel an **achtundvierzigster Stelle hinter dem Komma**. Und auch danach geht es immer noch weiter … und weiter … und weiter …

Um rechtzeitig da zu sein, muss der Torwart also schon springen, kurz bevor der Ball geschossen wird.
Aber zu welcher Seite?
Nach links?
Nach rechts?
Deshalb beschäftigen Fußballvereine dafür Experten.
Die berechnen, wie groß die Chance ist, dass ein bestimmter Spieler nach links oder rechts schießt.
Sie schauen sich alle seine oder ihre früheren Elfmeter an.
Fußball ist Mathe!
Oder einfach mit Krawumm schießen.

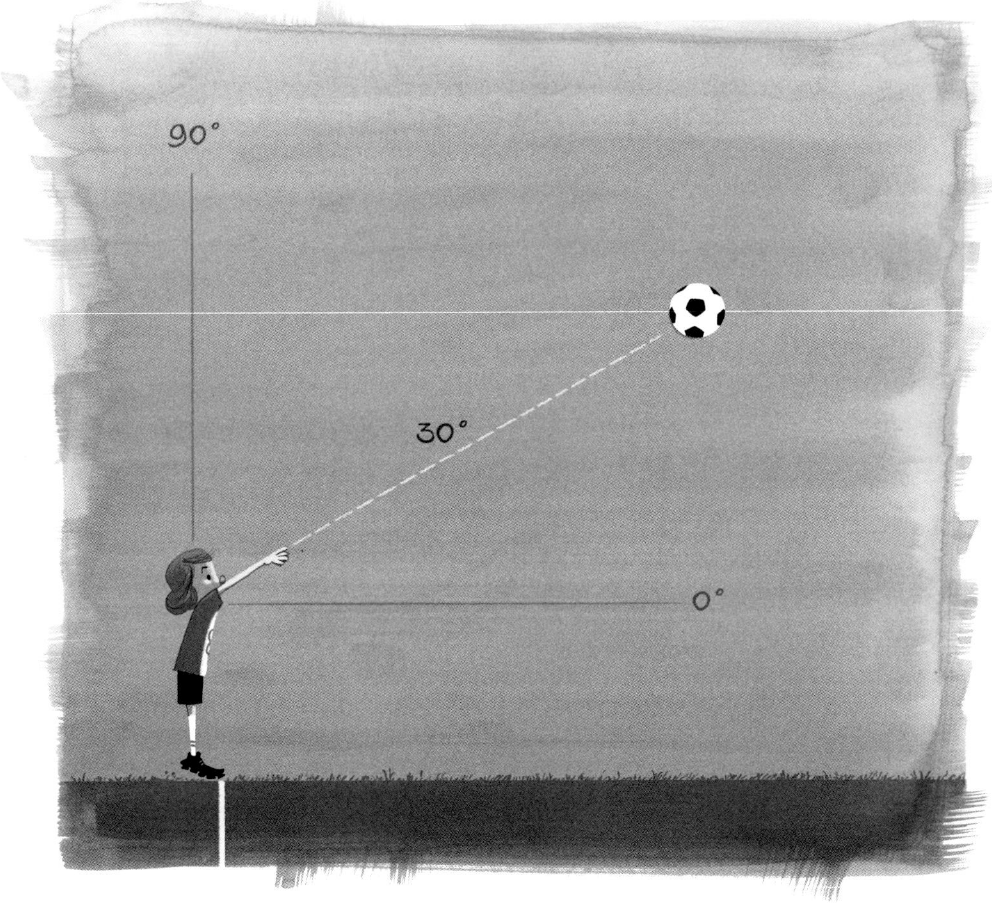

SPÄTER

PATRICK 2 AUF DEM KLEINEN FUẞBALLPLATZ AN DER SCHULE

»Weißt du, was Herr Sanders nach der Stunde noch erzählt hat? Wenn der Ball beim Einwurf so weit wie möglich fliegen soll, darf man nicht zu hoch werfen. Wenn man flacher wirft, können die Arme ihm mehr Schwung mitgeben. So ungefähr – und das kann man auch ausrechnen.«

AUF DEM THRON

ROOS' FRAGE

Roos kicherte und kicherte. Sie konnte einfach nicht aufhören. Und das, obwohl sie vor zwei Minuten noch wütend gewesen war.

Es hatte mit einem Zettel angefangen.
Der wurde nicht auf ihren Tisch geworfen wie sonst. Sondern er steckte plötzlich in ihrem Zopf. Echt. Auf dem Weg zur Sportstunde spürte sie etwas Komisches im Nacken, und kurz darauf fischte sie ein kleines Papierröhrchen aus ihren Haaren.
Sie rollte den Zettel auseinander, und darauf stand: *O Herrscherin meines Herzens, bitte seid so gut, meinen nächsten Brief zu lesen.*
Danach, in der Mittagspause, kam Ahmed auf sie zu. Das war merkwürdig. Ahmed redete nicht mit ihr, nie. Aber jetzt trug er eine rote Serviette, wie es sie in der Mittagsbetreuung gab, über dem rechten Arm. Und auf der ausgestreckten Hand hielt er einen flachen Teller. Darauf lagen ein Apfelschnitz und zwei Trauben in der Form eines Smileys, dazu ein Brief.

Roos fragte: »Was ist das?« Doch Ahmed stellte den Teller schon vor sie hin und flüsterte ihr ins Ohr: »Lies ihn, wenn keiner zuguckt.«
Ehe Roos sich's versah, war er schon wieder weg. Die Kinder der zweiten Klasse um sie herum (sie war heute mit Aufpassen dran) fingen an zu lachen, aber Roos schnappte den Brief und ging schnell zur Toilette. Da las sie:

O Herrscherin meines Herzens. Ich weiß, dass wir in Zeiten von Krieg und Streit leben, aber würdet Ihr mir dennoch die Ehre Eures Kommens erweisen, heute Nachmittag in der Kinderspielecke, allein?

Euer M.
PS: Bitte geheim halten!

Euer M.? Das konnte doch nur Mano sein!
Mano, der seit Wochen Probleme machte. Roos hatte sich gleich nach den Ferien total in ihn verliebt. Wenn sie ihn sah, konnte sie nicht mehr schlucken. Immer träumte sie, dass er mit ihr im Badesee schwimmen gehen wollte, nur mit ihr. Seine Blicke drückten Dellen in ihr Herz, ihr Herz war wie ein alter Bus nach sieben Unfällen.
Aber Romée, ihre allerallerbeste Freundin seit immer, hatte ihr Mano weggeschnappt. Einfach so, vor der Nase weg. Das stimmte nicht so ganz, denn Romée hatte ihr erzählt, wie es wirklich gewesen war, aber trotzdem war Roos zweimal entzweigerissen. Zum einen, weil Mano ihre Gefühle nicht erwiderte, zum anderen, weil sie Romée verloren hatte. Denn Roos wusste zwar, dass Romée keine Bitch war, aber trotzdem liefen in ihrem Kopf solche YouTube-Videos ab, in denen jemand kreischt: *Yes girl, sie ist doch eine Bitch!* Und deshalb redete sie nicht mehr mit Romée.
Und jetzt bekam sie plötzlich Zettel von Mano. Der sich offensichtlich für sie ins Zeug legte. Aus seiner Verliebtheit in Romée war nichts geworden, denn Romée hatte ein schlechtes Gewissen. Vielleicht war er jetzt doch in Roos verliebt? Warum sonst sollte er sich mit ihr allein verabreden?

Nach der Schule zog sie in aller Seelenruhe ihre Jacke an. Scheinbar in aller Seelenruhe – denn ihre Arme und Beine zitterten, als wären sie bloß angeschraubt und würden sich allmählich lösen.
Danach ließ sie die Meute auf den Schulhof vorgehen, und da stand plötzlich Sven neben ihr (noch ein Junge, mit dem sie nie sprach). Er wies ihr mit ausgestrecktem Arm den Weg: links hinter der Schule herum. Er grinste, und Roos ging los.

Kaum war sie um die Ecke gebogen, sah sie ihn auch schon. Mano. Mit seiner glänzenden Tolle und seinem Lachen, so strahlend, dass sofort der marokkanische Sommer ausbrach. Und er zeigte auf einen Thron.
Es war eigentlich nur ein gewöhnlicher Stuhl aus dem Klassenzimmer, aber mit bunten Papierstreifen geschmückt, und an den Stuhlbeinen waren Blumen befestigt. »Herrscherin meines Herzens«, sagte Mano. »Nehmt Platz.«
Doch da stimmte was nicht. Da stand nicht nur ein Thron, sondern zwei. Und jetzt sagte Mano noch einmal: »Herrscherin meines Herzens, nehmt Platz« – und zwar ... zu Romée. Die von der anderen Seite kam.

»Zwei Throne«, sagte Mano, »zwei Herrscherinnen. Bitte nicht böse werden. Bitte nehmt beide Platz, bitte. Lasst mich wenigstens sagen, was ich sagen möchte.«
Roos kam sich veralbert vor. Am liebsten wäre sie weggelaufen. Doch Romée sagte: »Okay, du hast fünf Minuten«, und klang dabei genauso wütend, wie Roos geklungen hätte, wenn sie etwas herausgebracht hätte.
Sie setzte sich auf den Thron und schob ihn ein Stück zur Seite. Er musste ja nicht so nah neben Romées Thron stehen.

»Ähm«, machte Mano. »Zuerst«, sagte er, »möchte ich mich bei meinen treuen Helfern bedanken, Sven und Ahmed, die verstehen, worum es mir geht, und die mir zur Seite ... äh ... ihr wisst schon.« Er räusperte sich.
»Aber«, fuhr er fort, »Herrscherinnen meines Herzens, es geht heute um etwas anderes. Was ist passiert? Folgendes. Ihr habt mich angesteckt. Ich habe dir meine Liebe erklärt, Romée, und die ist immer noch riesengroß, aber dann ... dann erfuhr ich, dass Roos meine Wenigkeit eventuell mag ... und seitdem schlägt die Glocke meines Herzens in Stereo! Ich bin doppelt verliebt! Ihr seid Doppelherrscherinnen! Habt ihr euch schon mal zusammen im Spiegel betrachtet? Ihr gehört zusammen! Zwillingsfreundinnen. Und deshalb ...« Er hielt kurz inne. Und seufzte.

Roos spürte ihren ganzen Körper boomboxen. WUMM! machte er, WUMM! WUMM! Mano war also doch in sie verliebt. Na gut, in Romée auch, aber genauso doll in sie! Sie schaute kurz zur Seite. Und Romée schaute auch zur Seite. Aber Moment mal ... verkündete Mano jetzt gleich, dass er ... wollte sie überhaupt hören, was er verkündete?
»Deshalb«, sagte Mano, »wollte ich unbedingt, dass ihr heute auf eurem Thron

Platz nehmt. Denn genau so will ich euch von Angesicht zu Angesicht sagen, dass ich mit ...«

Da reichte es Roos. WUHUMM! machte ihr Herz noch ein letztes Mal, dann war es vorbei. Sie wollte patsch-bumm nicht mehr mit Mano zusammen sein. Ja, er war immer noch toll und witzig und klug, aber das hier war einfach nicht richtig. Dass Romée und sie hier saßen und darauf warteten, für wen er sich entschied. Wie zwei ... zwei Pekinesen, denen man ein Leckerli vor die Nase hält. Nein, dazu hatte sie auf einmal keine Lust mehr. Dafür waren Romée und sie viel zu wichtig, und sie würde jetzt aufstehen und gehen und ...

»... mit keiner von euch zusammen sein will«, sagte Mano.

Romée neben ihr war schon aufgestanden. Aber jetzt ließ sie sich zurück auf ihren Thron sinken.

»Moment mal«, sagte Roos. »Was?«

»Mit keiner von euch, mit niemandem«, sagte Mano. »Ich bin immer noch bis über beide Ohren verliebt. Vallah, bis über beide Ohren! Aber guckt, wie die letzten Wochen gelaufen sind. Ihr seid schon seit tausend Jahren Freundinnen und jetzt plötzlich nicht mehr? Warum, nur wegen mir? Das geht nicht, Roos und Romée, das darf nicht sein!«

Er sprach so laut und leidenschaftlich, fast wie ein Imam. Er legte eine Hand auf seine Brust und deklamierte feierlich: »Hiermit erkläre ich bei voller Gesundheit, dass äh ... äh ...«

Da musste er lachen.

Roos guckte zur Seite. Romée lachte auch.

»Tsss«, machte Mano, »Ich weiß nicht mehr, was ich erklären wollte.«

Und da hielt Roos es auch nicht mehr aus. Da kam er, da kam er – der Lachkrampf, den sie und Romée immer mindestens einmal pro Woche gehabt hatten, aber jetzt schon viel zu lange nicht mehr. Armer Mano. Sie würden die nächsten tausend Jahre nicht mehr damit aufhören.

Damit war zwischen Roos und Romée alles wieder gut. Und auf einmal wusste Roos auch, welche Frage sie am Freitag in der Mathestunde stellen wollte. Etwas mit Zwillingsfreundinnen!

MATHEAUFGABE **06**: ROOS

WIE GROß IST DIE CHANCE, EINEN DOPPELGÄNGER IN EINER KLASSE ZU HABEN?

Das stimmt.
Von drei Zwillingspaaren ist ungefähr eines eineiig: Beide haben
die gleichen Haare
die gleiche Nase
alles gleich
die gleiche Augenfarbe
Sie sind echte Doppelgänger.

ES WURDEN 51 ZWILLINGSPAARE GEBOREN. RECHNET MAL AUS, WIE VIELE DAVON EINEIIG SIND.
DAFÜR MÜSST IHR DURCH DREI TEILEN.

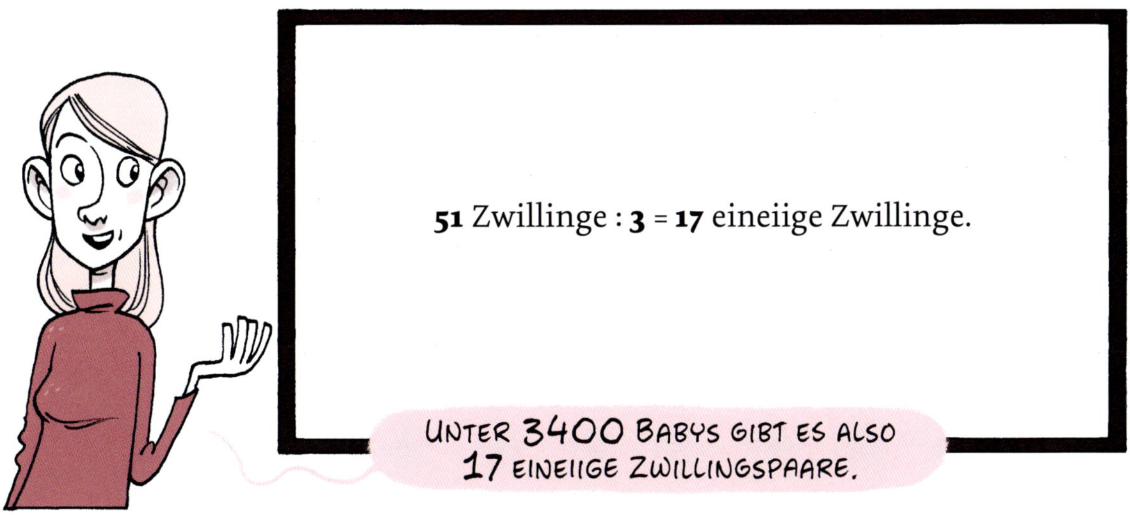
51 Zwillinge : 3 = 17 eineiige Zwillinge.
UNTER 3400 BABYS GIBT ES ALSO 17 EINEIIGE ZWILLINGSPAARE.

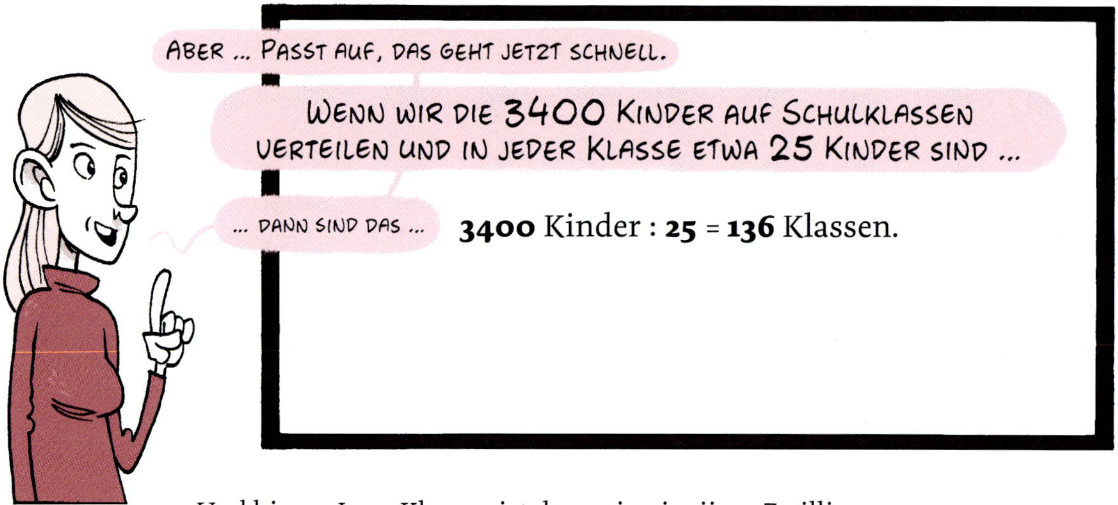

Und bingo: In **17** Klassen ist dann ein eineiiges Zwillingspaar.

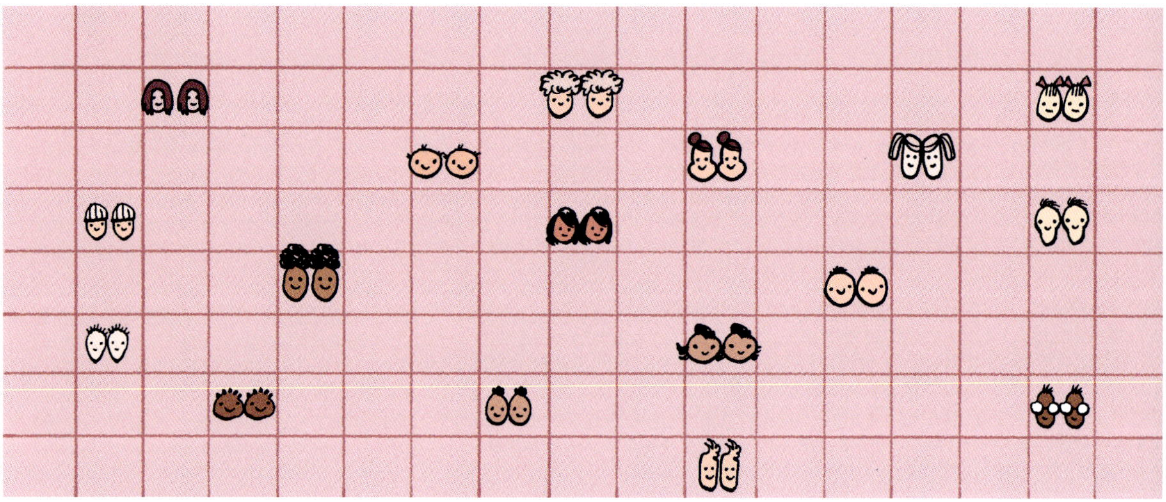

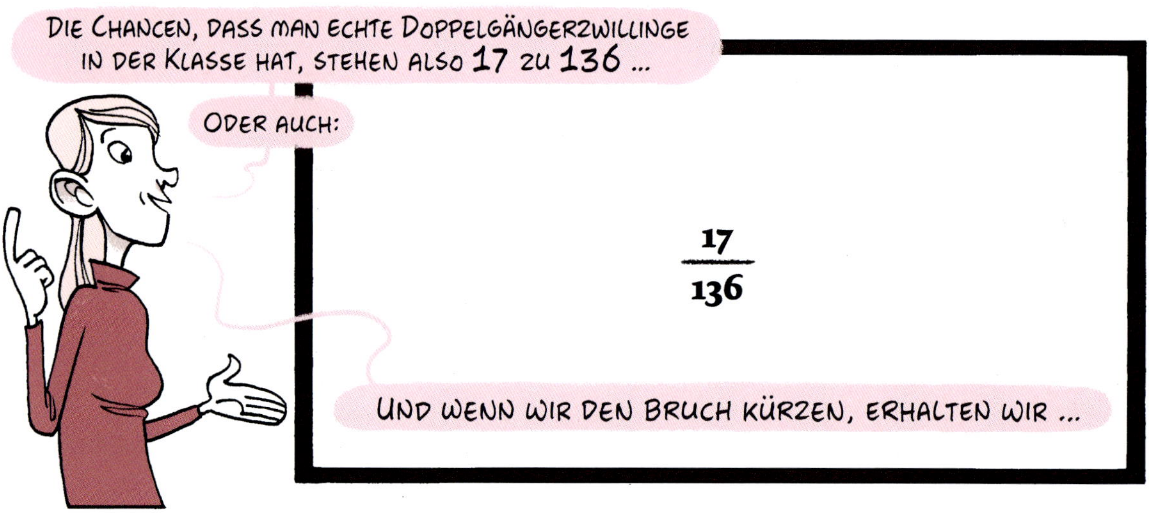

BRÜCHE KÜRZEN
Die Zahl über dem Bruchstrich (Zähler) und die Zahl unter dem Bruchstrich (Nenner) kann man häufig verkleinern.
Das nennt man **Kürzen.**
Dabei teilt man Zähler und Nenner durch dieselbe Zahl.

Beispiel:

$\frac{6}{12}$ kann man oben und unten durch drei teilen → $\frac{2}{4}$
Und $\frac{2}{4}$ kann man wiederum mit zwei kürzen → $\frac{1}{2}$

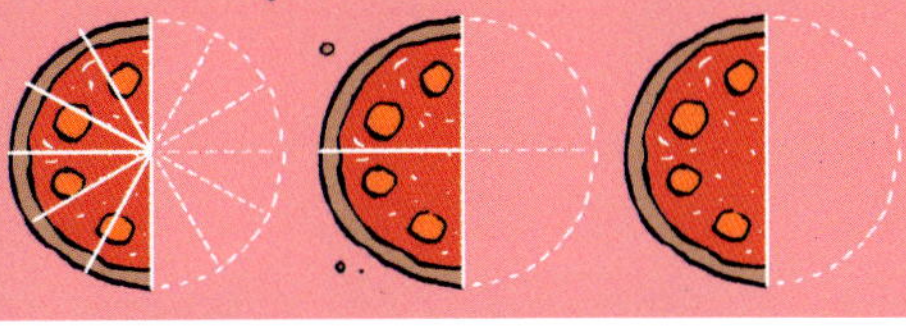

Kleiner geht es nicht, also sind wir fertig mit Kürzen.

$\frac{17}{136}$

Kürzen, indem wir beide Zahlen durch **17** teilen

↓

$\frac{1}{8}$

ABER NACH DER GANZEN RECHNEREI MACHEN WIR JETZT ERST MAL ETWAS ANDERES.
IHR DÜRFT EUCH ALLE EINEN AVATAR BASTELN.
HIERAUS KÖNNT IHR AUSWÄHLEN:
Hautfarbe:
Augenform:
Augenfarbe:
Frisur:
Haarfarbe:
Mund:
NICHT ABGUCKEN!
SEID IHR SO WEIT?

CHIARA
mirelva
roman
patrick 1
Tim
sven
Benthe
kuzey
MANO
Fedor
Nille
romée
FABIO
ROOS
saya
patrick 2
Tessa
mick
Jens
Diede
ahmed
Estelle
GUCKT MAL, JETZT HABEN WIR MIT NILLE UND TESSA EIN AVATAR-DOPPELGÄNGERPAAR IN DER KLASSE, OBWOHL IHR BEIDE EUCH IN WIRKLICHKEIT NICHT BESONDERS ÄHNLICH SEHT.
DAS KOMMT DAHER, DASS WIR NICHT SO EINE GROẞE AUSWAHL HATTEN!
STIMMT DAS?
RECHNEN WIR MAL AUS, WIE VIELE AVATARE WIR INSGESAMT HÄTTEN BASTELN KÖNNEN.

WIR FANGEN MIT DEN HAAREN AN. IHR KÖNNT AUS ZEHN FRISUREN UND FÜNF HAARFARBEN WÄHLEN.
WIE VIELE VERSCHIEDENE KOMBINATIONEN GIBT ES ALSO?
10 Frisuren
×
5 Haarfarben
= 50 Möglichkeiten
ZU DEN 50 MÖGLICHKEITEN KONNTET IHR NOCH AUS FÜNF HAUTFARBEN WÄHLEN.
50 Möglichkeiten
×
5 Hautfarben
= 250 Möglichkeiten
DANACH KONNTET IHR NOCH AUS VIER AUGENFARBEN, DREI AUGENFORMEN UND ZWEI MÜNDERN WÄHLEN:
250 Möglichkeiten × 4 Augenfarben = 1000 Möglichkeiten
1000 Möglichkeiten × 3 Augenformen = 3000 Möglichkeiten
3000 Möglichkeiten × 2 Münder = 6000 Möglichkeiten

Schon von diesem simplen Avatar könnt ihr also 6000 verschiedene Versionen basteln.
Trotzdem haben Nille und Tessa sich genau die gleiche Figur gebastelt.
Sind das dann Doppelgängerinnen?
Nein, denn sie können auch Sommersprossen haben und nicht unbedingt gleich viele.
Aber von Weitem fallen die Sommersprossen nicht auf.
Innerlich sind sie doch ganz unterschiedlich.
Und wenn eine von beiden sich die Haare abschneidet?
Das Problem bei deiner Frage ist, dass es sehr schwer zu sagen ist, was Doppelgänger eigentlich sind.
Stell dir vor, ein Mädchen hat das gleiche Gesicht wie du, nur mit Grübchen in den Wangen und einem rot-grünen Irokesen.
Ist sie dann deine Doppelgängerin?

Und wenn man ganz viel Glück hat, dann geht man miteinander in dieselbe Klasse, so wie Romée und du.

SPÄTER

SAYA NACH DER SCHULE ZU ROOS UND ROMÉE

»Wie Frau Verbeek schon gesagt hat, gibt es auch Drillinge, Vierlinge und so weiter. In Amerika gibt es sogar Achtlinge. Als die 2009 zur Welt gekommen sind, brauchte man über 40 Ärzte, damit alle überleben konnten. Es waren zwei Mädchen und sechs Jungen, also keine eineiigen Achtlinge. Aber ich hab ihre Namen auswendig gelernt: Makai, Josiah, Isaiah, Jonah, Maliyah, Jeremiah, Nariyah und Noah. Ach ja, und mittlerweile hat eine Frau aus Mali sogar Neun-'linge geboren. Ob in der Zukunft auch Zehnlinge möglich sind? Oder … Fußball-elflinge? Oje, die armen Mütter!«

SO RUHIG
SVENS FRAGE

Seit einem halben Jahr schon war Sven unzufrieden, aber damit war jetzt Schluss. Und das hatte mit einer Pipi-Geschichte zu tun.

Er saß mit seinem Vater beim Essen. Es schmeckte lecker, sein Vater konnte gut kochen. Maronenpüree mit Sellerie und Veggie-Würstchen. Die Maronen hatten sie vorher selbst gesammelt. Im Wald. Sven hatte seine neue Jacke angehabt, die war warm und stand ihm auch. Also: schön und gut, netter Versuch.

Sven hatte nicht gerade Hummeln im Hintern. Aber seine Eltern waren noch ruhiger als er. Seine Mutter arbeitete in einem Labor, sein Vater übersetzte Untertitel für das Fernsehen. Zu Hause, mit Kopfhörer. Bei ihnen lief die Musik immer leise. Sie hatten ein Terrarium, keinen quirligen jungen Hund, keine gackernden Hühner und auch keinen, na ja, schreienden Pfau oder so was.
Streit? Gab es superselten. Hatten sie mal eine Meinungsverschiedenheit, redeten sie ganz in Ruhe darüber. Diskussionen, so sagten seine Eltern immer, mussten auf der Basis von Fakten und Respekt geführt werden. Und dann ließen sie einander ausreden. Eigentlich also alles sehr schön. Davon hätte sich die Regierung mal eine Scheibe abschneiden können.
Aber tja: Es war schon *sehr* ruhig.

Und seit dem letzten Sommer, seit seinem elften Geburtstag, hatte Sven es auf einmal satt. Ganz seltsam war das.
Manchmal, wenn er im Bett lag, hoffte er, sein Vater würde am nächsten Morgen verkünden, dass er mit Hammerwerfen anfing. Oder seine Mutter würde eine E-Gitarre ins Haus schleppen, den Stecker reinstecken und TWEEEENGGGG. Ihr nächstes Ferienziel wäre ein Land mit gefährlichen Wasserfällen. Und da fuhren sie dann mit einem Kanu mit Turbomotor und Fallschirmen und Rucksack runter.
Aber das passte nicht zu seinem Vater, nicht zu seiner Mutter und, ehrlich gesagt, auch nicht zu ihm selbst.

Und doch zog Sven sich immer häufiger in sein Zimmer zurück, er schmollte wegen nichts, und wenn sein Vater fragte, was los sei, ob Mama und er vielleicht etwas nicht mitbekommen hätten, sagte Sven: »Papa, sei nicht immer so übertrieben nett!«

Zum Beginn des neuen Schuljahrs war Sven aufgeregter als sonst. Er wusste nicht, warum. In der Schule gehörte er zu den Stillen, das war immer schon so gewesen. Und auch das machte ihn manchmal verrückt. Er wollte gern ein bisschen frecher sein.
Das gelang ihm natürlich nicht. Wenn er sich einen Spruch überlegte, den niemand von ihm erwartete, wurde er schon bei der Vorstellung, ihn laut zu sagen, knallrot. Übermutmangel, so was in der Art hatte er. Darauf war er nach ein paar Wochen gekommen. Als hätte er seinen Fall gründlich untersucht und jetzt wie ein Arzt entdeckt, an welcher Krankheit er litt.

In den Herbstferien war er einmal plötzlich in Tränen ausgebrochen. Seine Eltern hatten einen Schreck bekommen, und da hatte er es ihnen erzählt. Übermutmangel. Erst kapierten sie überhaupt nichts. Aber sie machten sich große Sorgen. Sie wollten versuchen, sich bessere Ausflüge einfallen zu lassen, ab und zu die Musik laut aufzudrehen und – na ja, das hatte natürlich alles nicht geklappt. Und das war auch egal. Seine Eltern und er gehörten nun mal zu den freundlichen, ruhigen Menschen dieser Welt.

Heute gab es also Maronenpüree. In den Wald gehen und Maronen sammeln, das war wieder so ein freundlicher Versuch seines Vaters gewesen, mal was anderes zu unternehmen, was Neues. Sven wusste das zu schätzen. Dass es Väter gab, die dicke Stöcke in den Baum schleuderten, um mehr Maronen aus den Hülsen zu lösen, und dass Papa das nicht machte, weil er nicht werfen konnte, das machte ja nichts. Sven wusste es zu schätzen, wirklich.

Denn seit Kurzem war er gar nicht mehr so unzufrieden. Und das lag an dem, was letzte Woche passiert war. Mano – der lustigste Junge der Klasse, immer aufgedreht, immer in Aktion – war auf ihn zugekommen. Sie waren nicht befreundet. Früher hatte Sven, ehrlich gesagt, ein bisschen Angst vor Mano gehabt. Aber das war Unsinn, denn Mano meinte es nie böse, er war keiner, der andere mobbte oder so. In den ersten Wochen der fünften Klasse hatte Sven ein bisschen mehr auf Mano geachtet. Und ganz ab und zu hatte er, wenn Mano einen Witz in die Klasse rief, noch einen kleinen Satz hinterhergemurmelt. Oder er hatte ein kleines bisschen früher gelacht als die anderen. Einmal hatte er sogar auf Manos Instagram reagiert. Und dann, ja, dann kam der Tag, als Mano ihn um Rat fragte. Mano erzählte ihm, was er sich überlegt hatte, um den Streit zwischen Roos & Romée zu beenden. Er brauchte Hilfe bei den Briefen, die er schreiben, und bei der Rede, die er halten wollte … und er war sich ziemlich sicher, dass Sven in so was gut war. Ob Sven ihn beraten könnte? JA! Das wollte Sven nur zu gern.

Und seitdem war Sven nicht mehr ganz so unzufrieden. Nicht, dass sie direkt beste Freunde geworden wären. Aber heute Morgen zum Beispiel, bei der Pipi-Diskussion …

Diskussion?

Vielleicht auch Streit.

Normalerweise hätte Sven sich nicht eingemischt, aber an dem Morgen funktionierten im Sportunterricht die Mädchenduschen nicht, deshalb boten die Jungs an, die Umkleiden zu tauschen, woraufhin ein paar Mädchen mit angeekeltem Gesicht sagten, bei den Jungs rieche es nach Pipi, und darauf gab es große Aufregung, weil sie Mano fragten, ob er unter der Dusche manchmal pinkelte, und Mano gesagt hatte: »Kann schon sein …«

Weil er eben nicht gern log.

Gut – und dann sagte Sven, als ein paar Mädchen empört loskreischten, auf einmal: »Stopp!« Zufällig geriet er so direkt zwischen die Streithähne.

Sofort wurde es still. Alle sahen ihn verblüfft an.

»Stopp!«, sagte Sven wieder.

»Wieso?«, fragte die laute Chiara.

»Stopp«, sagte Sven zum dritten Mal. »Soweit ich weiß«, sagte er, »ist das umweltfreundlich. Pinkeln unter der Dusche. Das spart Wasser. So spart man einmal die Spülung.«

»Igitt!«, riefen sechs Mädchen gleichzeitig.

»Svennie«, sagte Chiara, »das ist echt nicht dein Ernst.«

»Äh …«, sagte Sven. »Ganz sicher bin ich mir auch nicht. Aber … aber …« Er

wurde knallrot beim Gedanken an das, was er sagen wollte, und dann sagte er es trotzdem: »Aber«, sagte er, »wir wollen doch keine Klasse sein, die einfach wilde Behauptungen durch die Gegend brüllt, also fragen wir. Das wird meine Frage in Mathe fürs Leben, da bin ich Freitag an der Reihe. Man sollte sich bei Diskussionen immer an die Fakten halten. Und jetzt sind wir alle wieder nett zueinander.«

Puh, dass er sich das getraut hatte. Hinterher hatte Mano ihm fest auf die Schulter gehauen. »Yalla, Leute«, hatte er gerufen. »*Sven the man* hat recht!« Und alle hatten zugehört.

Und der Streitsturm hatte sich gelegt!

Sven nahm einen extragroßen Happen von seinem Maronenpüree. Er schaute seinen Vater an, holte tief Luft und sagte: »Es schmeckt wieder superlecker, Papa.«

Sein Vater blickte überrascht auf. Er lächelte erst Sven an, dann Mama, und dann lächelte Mama Sven auch an.

Okay, dachte Sven, ich muss noch darüber nachdenken, wie ich meine Matheaufgabe genau formulieren soll, aber egal, wie die Antwort lautet, eins hab ich jetzt schon kapiert: Man muss nicht aktiver werden, als man ist. Ein Freund in der Nähe, der Hummeln für zwei im Hintern hat – das klappt auch sehr gut.

MATHEAUFGABE 07: Sven
IST PINKELN UNTER DER DUSCHE WIRKLICH UMWELTFREUNDLICH?
GUTE FRAGE, SVEN.
IN BRASILIEN GAB ES FRÜHER MAL WERBESPOTS IM FERNSEHEN, IN DENEN ERKLÄRT WURDE, DASS MAN MIT PINKELN UNTER DER DUSCHE DEN REGENWALD RETTEN KÖNNTE. UND AUCH ENGLISCHE STUDENTEN WURDEN DAZU AUFGERUFEN, UNTER DER DUSCHE ZU PINKELN, UM WASSER ZU SPAREN.
DANK SVENS FRAGE GEHT ES IN UNSERER MATHESTUNDE HEUTE RUND UMS WASSER ...
WIE VIEL WASSER VERBRAUCHT MAN BEIM DUSCHEN UND BEIM PINKELN?
UND WIE KANN MAN WASSER SPAREN?
HABT IHR DIESES WOCHENENDE ALLE UNTER DER DUSCHE DIE ZEIT GESTOPPT, WIE ICH EUCH GEBETEN HATTE?
13!
ICH SCHAFF'S IN 5 MINUTEN!
8!
IN 6!
9, SCHÄTZE ICH, ABER MEIN HANDY IST NASS GEWORDEN, DESHALB KONNTE ICH ES NICHT GENAU ERKENNEN.

WÄHLEN WIR FÜR DIE BERECHNUNG MAL EINE ZAHL AUS.
ICH GLAUBE, 7 MINUTEN LIEGT SO UNGEFÄHR IN DER MITTE VON DEM, WAS IHR ALLE GERUFEN HABT.
BEIM DUSCHEN VERBRAUCHT MAN UNGEFÄHR 8 LITER WASSER PRO MINUTE.
WIE VIEL LITER WASSER VERBRAUCHT MAN DANN MIT EINMAL DUSCHEN?
8 Liter × **7** Minuten = **56** Liter
JETZT ZUM PINKELN.
WIE OFT AM TAG GEHT IHR ZUR TOILETTE?
7 MAL!
MIT DEM GROSSEN GESCHÄFT ODER OHNE?
MIT NATÜRLICH, DABEI PINKELT MAN DOCH AUCH!
ICH SCHÄTZE 4 MAL.
BESTIMMT 9 MAL.

WIR KÖNNEN WIEDER DEN DURCHSCHNITT VON DEM NEHMEN, WAS IHR GERUFEN HABT.
6 MAL PRO TAG.
EINMAL DIE TOILETTENSPÜLUNG BETÄTIGEN VERBRAUCHT 6 LITER WASSER.
SPLSCH
WIE VIEL LITER SIND DAS PRO TAG?
6 Liter × 6 Mal pinkeln = 36 Liter
ABER HERR SANDERS, WIR HABEN ZU HAUSE EINE SPARTASTE.
SEHR GUT! GENAU WIE BEIM DUSCHEN VERBRAUCHT DER EINE WENIGER WASSER ALS DER ANDERE.
Moderne Toiletten mit Spartaste verbrauchen manchmal nur zwei Liter.
2
Während manche alten Toiletten ungefähr neun Liter Wasser runterspülen.
9
6 Liter sind wieder der Durchschnitt von dem, was man bei uns pro Kopf verbraucht.
6

Beim Händewaschen.

Beim Trinken.

Und beim Kochen.

Und auch beim Wäschewaschen und Geschirrspülen.

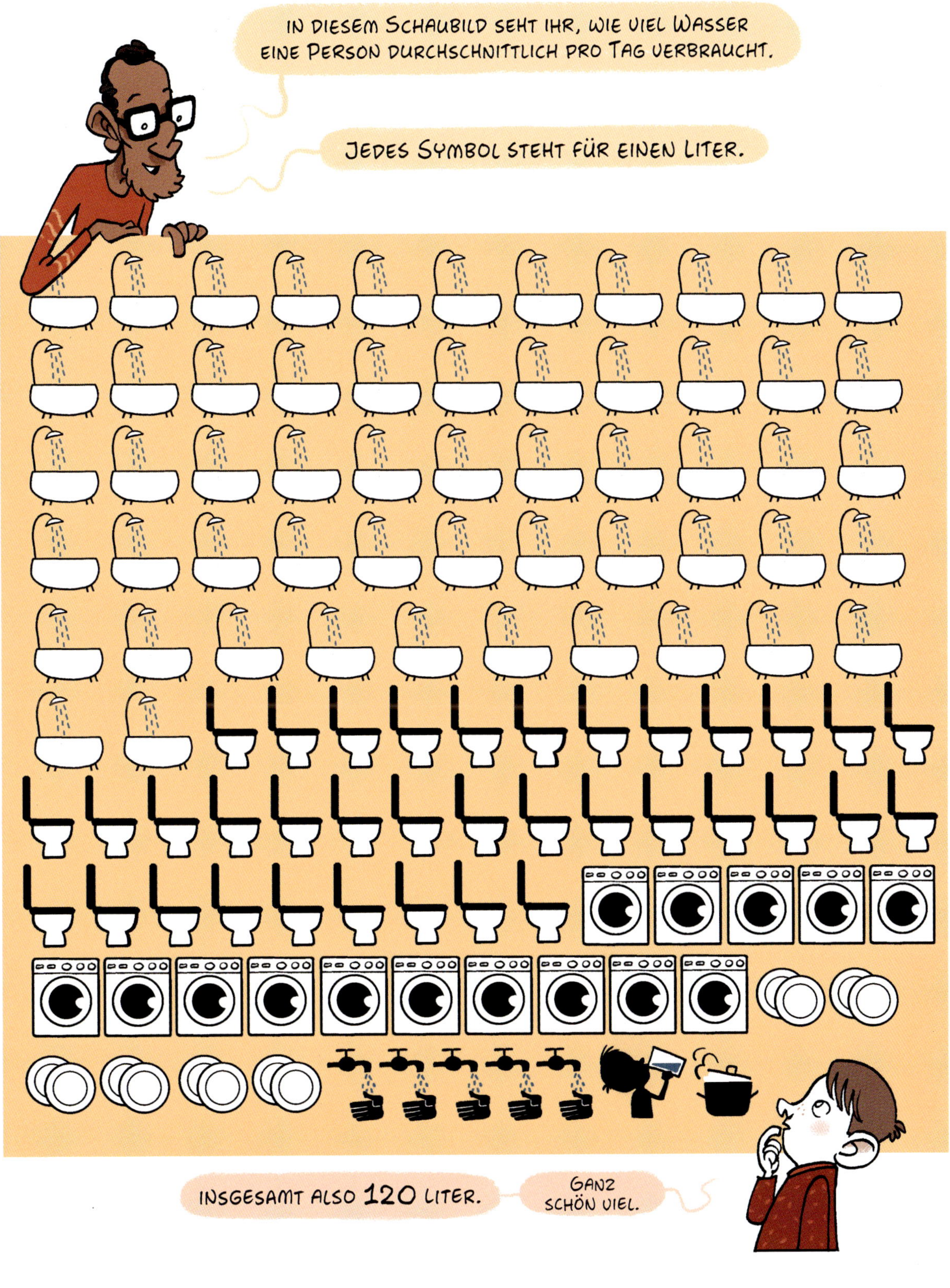

IN DIESEM SCHAUBILD SEHT IHR, WIE VIEL WASSER EINE PERSON DURCHSCHNITTLICH PRO TAG VERBRAUCHT.
JEDES SYMBOL STEHT FÜR EINEN LITER.
INSGESAMT ALSO 120 LITER.
GANZ SCHÖN VIEL.

Angenommen, wir möchten beim Duschen so viel Wasser sparen, wie eine Toilettenspülung ausmacht …

… aber ohne zu pinkeln.

Wie viel kürzer müssten wir dann duschen?

Aus der Dusche kommen
8 Liter Wasser pro Minute.

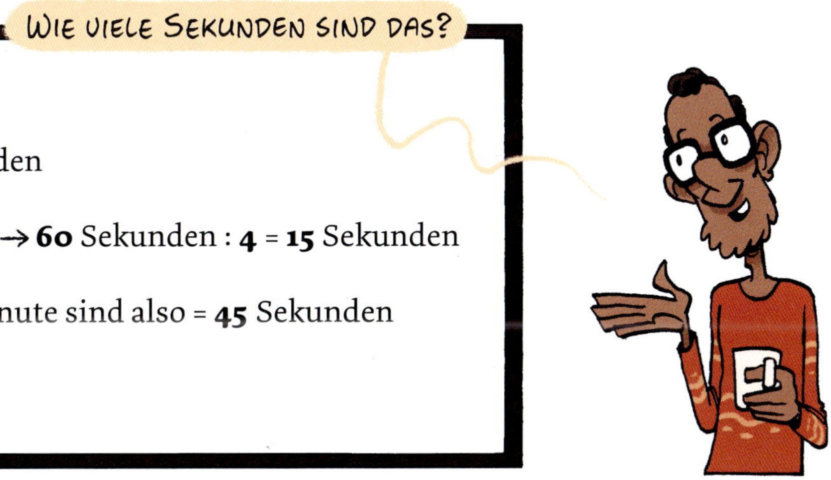

1 Minute = **60** Sekunden

$\frac{1}{4}$ von einer Minute → **60** Sekunden : **4** = **15** Sekunden

$\frac{3}{4}$ von einer Minute sind also = **45** Sekunden

Damit haben wir die Antwort.

Wer unter der Dusche pinkelt, spart **6** Liter Wasser.

Das spart genauso viel.

SPÄTER

SVENS MUTTER, ZU HAUSE

»Man kann noch viel mehr Wasser sparen, wenn man darüber nachdenkt, was man isst. Für das, was wir an einem einzigen Tag essen, werden locker 3500 Liter Wasser benötigt. Wasser, um Pflanzen zu wässern, Wasser für die Tiere und Wasser, um landwirtschaftliches Gerät zu säubern. Das meiste Wasser wird benötigt, um Futter anzubauen. Vor allem in trockenen Ländern kostet das viel Energie und Arbeit. Um einen kleinen Hamburger zu produzieren, braucht man ungefähr 1500 Liter Wasser. Wenn du also mal einen Abend kein Fleisch isst, sparst du mit einem Mal jede Menge Wasser. Man kann also eigentlich besser vegetarisch essen, als unter der Dusche zu pinkeln.«

EIN GEDICHT
ESTELLES FRAGE

Das hier habe ich zusammen mit Wieke geschrieben, sie ist meine Tante und schreibt Lieder, aber das hier ist kein Lied, sondern ein Gedicht, na ja, man kann es natürlich auch singen, aber die Melodie dazu muss man sich dann selbst ausdenken.

Wieke war zu Besuch, und sie fand unser Mathe-fürs-Leben-Projekt richtig cool und auch meine Frage, aber sie meinte, ich könnte sie besser in Form eines Gedichts stellen.

Und da hat sie mir geholfen, das ist hoffentlich erlaubt.

Beinah alles ist schon berechnet:
der Umfang vom Mond und von der Venus.
Alles ist aufgedröselt, ausgeknobelt,
selbst wo der Torwart
beim Elfmeter stehn muss.
Wir haben wirklich fast keine Fragen mehr,
nur ein, zwei liegen uns noch quer:
a) Warum fallen Hunde so dusslig und Katzen ganz sacht?
b) Wie wird Loseziehen denn bloß richtig gemacht?

Beinah alles ist schon berechnet:
wie weit es zum Mond ist und zum Neptun.
Alles ist aufgedröselt, ausgeknobelt,
selbst was es zuerst gab,
Ei oder Huhn.
Wir haben wirklich fast keine Fragen mehr,
nur ein, zwei liegen uns noch quer:

a) Warum hat man Raumschiffe und keine Raumboote erdacht?
b) Wie wird Loseziehen denn bloß richtig gemacht?

Beinah alles ist schon berechnet:
die acht Planeten mit ihrer Umlaufbahn.
Alles ist aufgedröselt, ausgeknobelt,
jeder Zahn
vom Komodowaran.
Wir haben wirklich fast keine Fragen mehr,
nur ein, zwei liegen uns noch quer:
a) Was passiert in den Gelenken, wenn man mit den Fingern knackt?
b) Wie wird Loseziehen denn bloß richtig gemacht?

So gut wir auch mischen,
so bedachtsam auch fischen,
immer ist es dasselbe Lied.
Denn absolut jedes Mal zieht
der oder die Letzte das letzte Los,
und dann hoffen wir so sehr, dass er oder sie bloß
nicht den eigenen Namen gezogen hat –
und doch ja, war ja klar,
wir haben es satt,
noch mal von vorn die ganze Prozedur …
Immer läuft's auf diese Tour.
Geht das nicht anders eventuell?
Das wär meine Frage

mit Grüßen von Estelle.

WIE WIRD LOSEZIEHEN RICHTIG GEMACHT?

Aber … Bei wie vielen Gruppen hat es auf Anhieb geklappt?

ES GEHT ALSO WIRKLICH OFT NICHT AUF.
WOHER KOMMT DAS?
GUCKEN WIR UNS MAL EINE GRUPPE GENAUER AN.
Estelle → Estelle
Diede → Diede
Tessa → Tessa
1.
LASST UNS ALLE MÖGLICHKEITEN DURCHGEHEN.
WENN MAN SEHR GROßES PECH HAT, ZIEHT JEDER SICH SELBST.
DAS IST DIE ERSTE MÖGLICHKEIT.
SO KÖNNEN WIR ALLE MÖGLICHKEITEN AUFSCHREIBEN.
Estelle → Estelle
Diede → Tessa
Tessa → Diede
2.
Estelle → Diede
Diede → Estelle
Tessa → Tessa
3.

Estelle → Diede
Diede → Tessa
Tessa → Estelle
4.
Estelle → Tessa
Diede → Estelle
Tessa → Diede
5.
Estelle → Tessa
Diede → Diede
Tessa → Estelle
6.
ESTELLE, KANNST DU BITTE DIE MÖGLICHKEITEN EINKREISEN, BEI DENEN DAS LOSEZIEHEN AUFGEHT?
ES GEHT ZWEIMAL AUF UND VIERMAL SCHIEF.
DIE CHANCE, DASS ES AUFGEHT, IST ALSO KLEINER ALS DIE CHANCE, DASS ES SCHIEFGEHT.
IN EINER KLASSE VON 22 KINDERN GEHT ES VON DREI MAL AUCH NUR EIN MAL GUT.
DESHALB ZEIGE ICH EUCH JETZT EINEN TRICK, MIT DEM ES IMMER KLAPPT.

Ihr bekommt alle einen Umschlag und einen Loszettel.
Estelle
Schreibt euren Namen vorn auf den Umschlag.
Estelle
Dann schreibt ihr euren Namen auf den Loszettel …
faltet ihn gut zusammen und steckt ihn in den Umschlag.
Den Umschlag noch nicht zukleben!
DAS IST JA TOTAL BLÖD, FRAU VERBEEK, SO HAT JA JEDER SEIN EIGENES LOS …
WART'S AB!
ESTELLE, DU DARFST ALLE UMSCHLÄGE EINSAMMELN UND MIT DEN NAMEN NACH UNTEN AUF DEN BODEN LEGEN.
JETZT ALLES GUT MISCHEN.

Leg die Umschläge in einen großen Kreis.

Öffne jetzt einen Umschlag, nimm das Los heraus und steck es in den nächsten Umschlag.

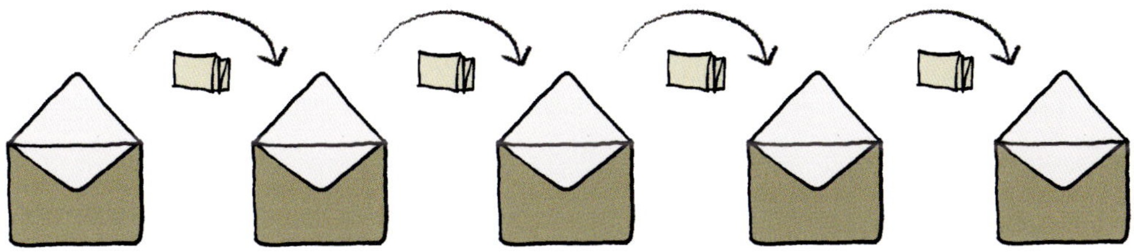

Das Los aus diesem Umschlag steckst du in den nächsten und immer so weiter, bis jedes Los in einem Umschlag steckt.

Jetzt mischst du die Umschläge wieder gut durcheinander, dann darfst du sie umdrehen und austeilen.

Du wirst sehen, dass diesmal niemand sich selbst hat.

So wird Lose-
ziehen richtig
gemacht!

SPÄTER

AUF DEM SCHULHOF

»Ich hab auch noch die anderen Fragen aus dem Gedicht beantwortet. Erstens: *Warum fallen Hunde so dusslig und Katzen ganz sacht?* Die Antwort lautet: Hunde klettern viel seltener als Katzen und haben deshalb nie gelernt, sich in der Luft zu drehen. Wenn eine Katze sich nicht schnell genug umdreht, kann sie sich übrigens auch schon mal eine Pfote brechen, man darf sie also nie mit Absicht fallen lassen.

Zweitens: *Warum hat man Raumschiffe und keine Raumboote erdacht?* Ein Boot ist ein kleines Fahrzeug, mit dem man zum Spaß herumfährt, zum Beispiel eine Schaluppe. Ein Schiff ist größer, zum Beispiel ein Frachtschiff. Für die Raumfahrt gibt es noch keine kleinen Boote, mit denen man bloß einen Tag herumfahren kann, sondern nur sehr professionelle große Raumschiffe.

Und schließlich: *Was passiert, wenn es in den Fingern knackt?* Lange wussten die Wissenschaftler nicht, woher das Geräusch beim Fingerknacken kommt. Waren es vielleicht Luftbläschen, die in der Feuchtigkeit rund um die Gelenke platzten? 2015 wurde ein Freiwilliger, der besonders gut mit den Fingern knacken konnte, mit einem MRT-Gerät untersucht, um herauszufinden, was sich in seinen Fingern beim Knacken der Gelenke abspielte. Und was fand man heraus? Wenn man mit den Fingern knackt, bildet sich in kürzester Zeit ein Hohlraum zwischen den Gelenken, und es fehlt an Flüssigkeit, um den Hohlraum zu füllen. So entsteht eine Art Gasblase, und wenn die platzt, gibt es ein knackendes Geräusch.

GRÜNE BLUMEN

FEDORS FRAGE

In Fedors Kopf drehte sich alles, und das schon seit Wochen. Seit sie Mathe fürs Leben lernten, hatte sich für ihn alles verändert. Erstens war die Klasse näher an ihn herangerückt. So empfand er es. Sie waren alle viel netter zu ihm. Früher hatten sie ihn in Ruhe gelassen, weil sie ihn nicht verstanden, jetzt ließen sie ihn in Ruhe, weil sie abwarteten, ob er etwas Wichtiges zu sagen hatte. Zweitens war zwischen Mano und ihm so etwas wie eine Freundschaft entstanden. Darauf wusste sich Fedor manchmal keinen Reim zu machen. Er hatte Saya, und Saya hatte ihn, so war das schon seit der Vorschule. Sie waren nicht miteinander verwandt, auch wenn sie wie Bruder und Schwester waren. Oder mehr als das. Sie waren nicht zusammen, das war ihnen zu kindisch. Zwischen ihnen war etwas anderes, es war schwer zu erklären. Aber jetzt schlug Mano ihm manchmal auf die Schulter. Bei Gruppenarbeiten wollte er mit ihm in eine Gruppe, und wenn Chiara rief, Mathe fürs Leben sei so cool, so supercool, so supermegacool, rief Mano: »Und wer hat's erfunden? Unser Fediboy!« Drittens war es Mathe fürs Leben selbst. Bisher hatte Fedor gar nicht gewusst, dass er wissen wollte, ob er in seinen eigenen Tränen baden konnte, aber nachdem sie es berechnet hatten, hatte er zu Hause bestimmt dreimal davon erzählt. Die Brücke zum Mond, der Winkel des Torwarts beim Elfmeter – das war alles interessant und manchmal auch ein bisschen schräg.

Das passte zu ihm. Interessant und ein bisschen schräg, so waren auch die Bilder seiner Mutter. Und die Kunstprojekte von Onkel Brandon, Mamas bestem Freund, der bei ihnen wohnte. Und auch das Innere von Fedors Kopf – schon seit elf Jahren war es da drin schräg und interessant.

Das sagte Saya manchmal. Und dann gab Fedor zurück: »Das sagt die Richtige. Du würdest doch am liebsten in die Vergangenheit reisen, davon handeln jedenfalls fast alle Bücher, die du liest.«

Aber sie hatte schon recht. Seit er sich erinnern konnte, poppten immer wieder Fragen in seinem Kopf auf. Warum, hatte er als kleines Kind gedacht, gibt es nirgends grüne Blumen? Oder gibt es sie doch, und wir halten sie nur für Blätter? Oder einmal, als Oma zu Besuch war und mit ihm einen Familienstammbaum gezeichnet hatte. Danach hatte er wochenlang gedacht: Oma hat auch eine

Mutter, das ist meine Urgroßmutter. Und deren Mutter ist meine Ururgroßmutter. Die Schwestern meiner Oma sind meine Großtanten. Die Cousins meiner Mutter sind meine Großcousins. Aber wie nennt man es, wenn der Cousin ein Kind kriegt? Ist das Baby dann eine Kleincousine? Das Wort gibt es nicht! Das Baby ist einfach nichts!

Oder er stellte sich Additionsfragen, so was wie: Wenn man all die Male, die er das Wort »Ja« in seinem Leben schon gesagt hatte, hintereinander hören würden, wie lange würde das dauern? Wenn seine Mutter und er einen Nachmittag mit der Straßenbahn durch die Stadt fahren würden, wie viele Menschen würden ihn dann sehen und vor allem: Wie viele Menschen dachten am Abend noch an ihn? Wenn er nieste, wie viele Menschen auf der Welt niesten dann in genau demselben Moment?
Wie viele Giraffenbabys waren am selben Tag geboren wie er? Wie viele kleine Nashörner, Koalabären und Pinguinküken? Und konnte er von all den Babys Fotos bekommen? Um sie in seinem Zimmer aufzuhängen?
Solche Gedanken konnte er nicht aufhalten, und zum Glück gab es einen Menschen, der immer Verständnis dafür hatte: Saya. Deshalb konnte er ihr auch sagen, wie nervig er es fand, sich eine Matheaufgabe auszudenken. Es gab so unendlich viele Möglichkeiten! Und weil er Mathe fürs Leben erfunden hatte, musste seine Aufgabe eine ganz besondere sein. Er konnte nicht einfach mit der Frage ankommen, wie vielen Gottesanbeterinnen in diesem Moment der Kopf abgebissen wurde oder wie viele österreichische Kinder gerade in die Hose machten.

»Nimm irgendwas Kleines«, sagte Saya.
»Hm«, machte Fedor.
»Okay«, sagte Saya. »Dann was Großes.«
»Hm«, machte Fedor wieder. »Ich weiß nicht, ich weiß nicht. In meinem Kopf dreht sich alles.«
»Ach so«, sagte Saya. »Dann nimm was, das mit einem Drehwurm zu tun hat.«
Und da wusste Fedor es plötzlich. Unendlichkeit. Das, was nicht aufhörte, was keinen Anfang hatte. Nie schwirrte ihm so der Kopf, wie wenn er darüber nachdachte, was vor der allerersten Sekunde des Bestehens der Welt gewesen war. Und was nach dem Ende vom Ende kam.
Ja. Jetzt hatte er seine Frage.

WAS IST DIE LETZTE ZAHL?

Ihr bekommt alle einen Zettel, auf den ihr eine möglichst große Zahl schreibt.

Ihr dürft eure Zahl in Ziffern oder in Buchstaben schreiben, aber sie muss auf den Zettel passen.

Die größte Zahl gewinnt.

Aber auf den Zettel passen viel mehr Einsen als Neunen, deshalb ist die Zahl mit den Einsen doch größer.
So wie **1.111** größer ist als **99**.

ABER ES GEHT NOCH VIEL GRÖßER.
PATRICK, DU HAST GOOGOLPLEX GESCHRIEBEN.
WEISST DU, WAS DAS IST?
EINE SEHR GROßE ZAHL.
HAB ICH AUS DONALD DUCK.
Donald Duck

HA, BEI DONALD DUCK STEHEN MANCHMAL AUCH ZAHLEN WIE FANTASTILLIONEN UND FANTASTILLIARDEN.
DIE GIBT ES NICHT.
ABER EIN GOOGOLPLEX GIBT ES WIRKLICH!
Donald Duck

DAS IST TATSÄCHLICH EINE SEHR GROßE ZAHL.
SO GROß, DASS ICH EINEN SCHRITT ZURÜCKGEHEN MUSS, UM SIE ZU ERKLÄREN.

Vor ungefähr hundert Jahren wollte ein Mathematiker neue Namen für Zahlen erfinden.
Er fragte seinen neunjährigen Neffen nach einem guten Namen für eine Eins mit hundert Nullen.
Die schreibt man so:
10 000 000 000 000 000 000 000 000 000 000 000 000 000 000 000 000 000 000 000 000 000 000 000 000 000 000 000 000 000 000 000 000 000

Der Neffe erfand den Namen
GOOGOL!
für diese große Zahl.
Das ist viel größer als die Zahl der Sandkörner in der Wüste oder die Zahl der Sekunden seit Bestehen des Weltalls.
Die Zahl ist unvorstellbar groß.

Und ein Googolplex ist eine Eins mit Googol Nullen.
DAS IST WIRKLICH UNFASSBAR GROß!

HEISST DIE SUCHMASCHINE GOOGLE DANN SO, WEIL ES SO VIELE WEBSITES GIBT?
Google
SO UNGEFÄHR …
Die Erfinder von Google wollten einen Namen haben, der etwas mit großen Zahlen zu tun hatte. Einer rief …
»Googol!«
Und da schrieb ein anderer aus Versehen »Google« auf.
DER NAME IST ALSO EIGENTLICH EIN FEHLER.
ABER WER HAT DENN JETZT GEWONNEN?
MAL GUCKEN …
WIR HABEN EIN PAAR ZETTEL, AUF DENEN »UNENDLICH« STEHT, ABER NA JA, UNENDLICH IST KEINE ZAHL.
UNENDLICH IST EIN BEGRIFF FÜR ETWAS, WAS GRÖßER IST ALS ALLE ZAHLEN.
DAS ZÄHLT ALSO EIGENTLICH NICHT.

ABER WER HAT DANN GEWONNEN?
ICH!
WAS?!
WIESO DAS DENN?
DAS IST UNFAIR!
PFUSCH!
ICH GEWINNE, WEIL ICH IMMER, BEI JEDER ZAHL, SAGEN KANN …
PLUS 1.
VON DEN ZAHLEN, DIE IHR AUFGESCHRIEBEN HABT, IST GOOGOLPLEX DIE GRÖSSTE, ABER ICH MACHE DIE ZAHL EINFACH NOCH GRÖSSER, INDEM ICH 1 ADDIERE.
Die größte Zahl, die aufgeschrieben wurde, + 1
DAS WAR ABER NICHT MEINE FRAGE.
MEINE FRAGE WAR:
WAS IST DIE LETZTE ZAHL?
DIE GIBT ES NICHT.

UNENDLICH IST KEINE ZAHL, UND ZU JEDER RIESIGEN ZAHL, DIE DU NENNST, KANN MAN 1 ADDIEREN, UM EINE ZAHL ZU ERHALTEN, DIE DOCH NOCH DANACH KOMMT.
DIE ZAHLEN HÖREN NIE AUF.
BUUUH!
HAHA.
SIE HABEN DOCH GAR NICHT MITGESPIELT!
DAS IST BETRUG!
LASST IHN DOCH!
SO GEWINNT HERR SANDERS EBEN AUCH MAL EIN SPIEL ...
SEHT IHR NICHT, WIE ER SICH FREUT?
GOOGOLPLEX LACHFÄLTCHEN ...
+1

SPÄTER
IM LEHRERZIMMER

»Als wir heute im Unterricht über große Zahlen gesprochen haben, schwirrte mir richtig der Kopf. Manche Kinder haben Fragen nach der Unendlichkeit gestellt, und das ist doch ein seltsames Thema! Ich hab lieber nicht erzählt, dass Georg Cantor im neunzehnten Jahrhundert bewiesen hat, dass es verschiedene Arten von Unendlichkeit gebe, wobei die eine größer sei als die andere. Damals waren sehr viele Mathematiker wütend auf Cantor, sie glaubten ihm einfach nicht. Genau erklären kann ich seine Theorien auch nicht, das ist alles viel zu kompliziert für mich. Und der arme Cantor? Er verbrachte die letzte Zeit seines Lebens mit einer psychischen Erkrankung in einem Sanatorium.«

SO EINE ZUKUNFT

SAYAS FRAGE

In fünfzehn Jahren, schrieb Saya in ihr Tagebuch, werden Fedor und ich wahrscheinlich heiraten. Das wird noch lustig. Dann muss ich ihm erst mal erklären, wie eine afghanische Hochzeit abläuft. Dass er mit ausgebreiteten Armen tanzen muss. Dass er eine Weile mit mir unter einem Schleier sitzen muss und wir einander dann im Spiegel anschauen. Wir müssen üben, mit Henna auf unsere Hände zu malen. Und er muss die Namen meiner sämtlichen Großonkel und Großcousins auswendig lernen.
Hoffentlich sind meine Eltern einverstanden. Jetzt sagen sie zwar immer, er sei ihr viertes Kind, aber Omar und Anoush sind beide mit Muslimas verheiratet, und Fedor hat keine Religion, weil seine Mutter auch keine hat.
Aber so einen wie Mano heirate ich auf gar keinen Fall. Er sieht ja ganz gut aus, aber er redet mehr, als er denkt. Bei Fedor ist es genau umgekehrt.
Fedors Lieblingsessen ist Mamas Kabuli Palau, das ist ja schon mal ein guter Anfang. Und er sagt, er würde ganz gern Fedor Al Qasabgi heißen.

Vor fünfzehn Jahren war ich noch nicht auf der Welt. Da wohnten meine Eltern noch in Kabul, Omar und Anoush waren zehn. Zusammen machten sie sich heimlich auf den Weg in die Niederlande, als Flüchtlinge, und manchmal wünschte ich, ich wäre dabei gewesen. Nicht wegen der schmutzigen Toiletten unterwegs und auch nicht, weil sie manchmal sechs Tage am Stück durch den Regen hinter den Schleppern herlaufen mussten, sondern weil es eine besondere Zeit gewesen sein muss. Am Wochenende, wenn alle zu Hause sind, reden meine Eltern und meine Brüder oft davon. Man könnte fast meinen, dass sie diese Zeit auch ein kleines bisschen vermissen.

In hundertfünfzig Jahren gibt es bestimmt keine Autos mehr. Schiffe und Flugzeuge auch nicht. Dann können wir uns einfach mit den Gedanken teleportieren. Man befestigt Elektroden an den Schläfen (in allerlei originellen Formen,

als eine Art Schmuck, aber ich würde wahrscheinlich immer hautfarbene nehmen), die bei der Konzentration helfen.
Man kann mit den Gedanken natürlich nicht schwuppdiwupp von Vlagtwedde nach Dschalalabad reisen. Erst mal muss man sich eine Zeitlang auf einen bestimmten Ort konzentrieren. Sonst kriegt man einen Drehwurm.
Vielleicht gibt es dann auch Genderchips. Als Mädchen kann man den Chip benutzen, um für eine Weile ein Junge zu sein, und umgekehrt. Unsere Erinnerungen werden aufgezeichnet, und wir können uns alle Momente unseres Lebens als Video anschauen.
In so einer Zukunft würde ich gern leben.
Zusammen mit Fedor.
Dann würden wir uns noch besser verstehen, denn man kann die Gehirne der Menschen natürlich synchronisieren und ihre Gedanken schnurlos miteinander verbinden.

Vor hundertfünfzig Jahren fand Louis Pasteur heraus, wie man Bakterien abtöten kann.
In den USA tobte der Bürgerkrieg.
In den Niederlanden wurde die Todesstrafe abgeschafft.
Afghanistan war von den Engländern besetzt.
Doch all das ist weit weg. Ich kann es mir überhaupt nicht vorstellen.

Schade, dass man damals noch nicht durch die Zeit reisen konnte.
Oder nein, schade, dass man jetzt nicht durch die Zeit reisen kann.
Ich werde es noch mal mit Fedor besprechen, aber ich glaube, meine Matheaufgabe handelt von der Zeit.

Vielleicht kommt darin auch der Komodowaran vor – der aus Estelles Gedicht über das Loseziehen. Seit ihre Tante ein richtiges Lied daraus gemacht und es uns in der Schule vorgesungen hat (am selben Nachmittag, an dem auch das Loseziehen war, das diesmal aufgegangen ist, niemand hat sich selbst gezogen, und ich hatte FEDOR. Echt! FEDOR! Was ich mir gewünscht hatte! Natürlich hab ich ihm erzählt, ich hätte Diede gezogen, was ganz schön riskant war, denn hätte er selber Diede gehabt, hätte er gewusst, dass ich lüge, aber zum Glück hatte er Herrn Sanders), ähm, wo war ich noch mal stehen geblieben?
Ach ja: Seit wir das Lied gehört haben, singen wir es immer auf dem Schulhof.

... mit ihrer Umlaufbahn ... selbst die Entstehung vom Komodowaran ... Ah, ich glaube, jetzt weiß ich, wie meine Aufgabe lautet.

Herr Sanders und Frau Verbeek:

a) Der Komodowaran ist vor ungefähr 4 Millionen Jahren entstanden.

b) Der Mensch erst vor 2 Millionen Jahren.

c) Ich finde es schon schwierig genug, 150 Jahre zurückzudenken.

d) Wie kann man die Zeit besser verstehen?

e) Kann Zeitreisen dabei helfen?

f) Wird das je funktionieren?

MATHEAUFGABE **10**: *Saya*

WIE KANN MAN DIE ZEIT BESSER VERSTEHEN?

Die Wissenschaftler gehen davon aus, dass der Urknall ungefähr **13,8** Milliarden Jahre her ist.

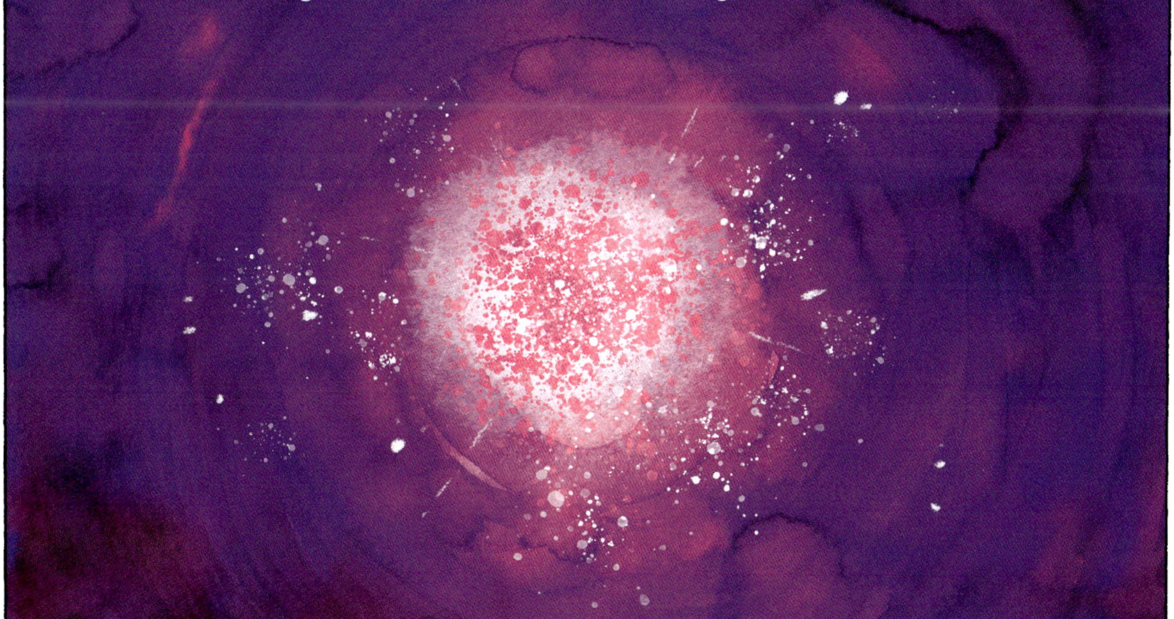

HOHE ZAHLEN

Tausend →	**1000**	1 Million →	**1.000.000**	1 Billiarde →	**1.000.000.000.000.000**
Zehntausend →	**10.000**	1 Milliarde →	**1.000.000.000**	1 Oktillion →	**1.000.000.000.000.000.000.000.000.000.000.000.000.000.000.000.000**
Hunderttausend →	**100.000**	1 Billion →	**1.000.000.000.000**		

Unser Kalender der gesamten Zeit beginnt also am 1. Januar um Mitternacht, und wir nehmen den heutigen Tag, diesen Augenblick, als letzten Tag des Jahres an:

31. DEZEMBER, PUNKT MITTERNACHT.

Solch einen Kalender bezeichnet man als kosmischen Kalender.

Richtig spannend wird es im Dezember.
Lasst uns mal näher heranzoomen.
Am Tag vor Nikolaus entwickeln sich erstmals kleine Tiere, die aus mehr als einer Zelle bestehen.
Dezember
1 2 3 4 5 6 7 8 9 10 11 12 13 14 15 16
Danach geht es schnell, na ja, relativ gesehen.
17 18 19 20 21 22 23 24 25
Am 17. Dezember gibt es schon Fische, darauf folgen unter anderem Insekten und Reptilien.
Am ersten Weihnachtstag tauchen die Dinosaurier auf.
26 27 28 29 30 31
Dann Säugetiere, Vögel und Blumen. Aber noch immer keine Menschen.
Am 30. Dezember sterben die Dinosaurier aus.
Moment mal, dann gab es die Dinos länger, als es Menschen gibt?
Stimmt.
Zwischen dem ersten und dem letzten Dino liegt viel mehr Zeit als zwischen dem letzten Dino und dir.

WIR ZOOMEN NOCH NÄHER HERAN UND BETRACHTEN EINMAL NUR DEN LETZTEN TAG.

DEN 31. DEZEMBER IN UNSEREM KOSMISCHEN KALENDER.

Erst gegen acht Uhr abends entstehen die ersten Menschenartigen.

Und um halb zehn entdecken sie den aufrechten Gang.

Erst ein paar Minuten vor Mitternacht entwickeln sich Menschen wie wir.

Das meiste, was wir über die Geschichte wissen, knubbelt sich in den wenigen Sekunden vor Mitternacht: Die Geburt Jesu, mit der unsere Zeitrechnung beginnt, war um **23:59:56** Uhr.

Eine Sekunde später folgte Mohammed.

Und wieder zwei Sekunden später begab sich Kolumbus auf Entdeckungsreise.

Wir alle sind ganz kurz vor Mitternacht geboren.

AUF DIESER SKALA DAUERT EUER LEBEN NICHT MAL EINE FÜNFTELSEKUNDE.

Wir glauben nicht, dass das möglich ist.

Einmal hat jemand eine tolle Party für Zeitreisende organisiert. Die Einladungen hat er erst nach der Party verschickt.

Für echte Zeitreisende natürlich kein Problem.

Aber es ist niemand aufgetaucht.

Das Zeitreisen wirft auch absurde Fragen auf. Stell dir vor, du reist 150 Jahre zurück …
und bringst aus Versehen deine eigene Ururururgroßmutter um?
Dann kann es dich gar nicht geben.
PUFF!
FRAU VERBEEK! ICH BRINGE DOCH NICHT MEINE URURURUR-GROßMUTTER UM!
UND WAS DIE PARTY ANGEHT, AUF DER NIEMAND AUFGETAUCHT IST … VIELLEICHT HAT ER NUR LEUTE EINGELADEN, DIE FÜR DIE PARTY ZURÜCK IN DIE VERGANGENHEIT HÄTTEN REISEN MÜSSEN?

FEDOR, WENN WIR HEIRATEN, KÖNNEN WIR RITTER UND WIKINGER EINLADEN.
UND DSCHINGIS KHAN UND ALEXANDER DEN GROßEN!
DIE MÜSSEN DANN IN DIE ZUKUNFT REISEN.
ABER ...
DANN MÜSSTEN WIR DIE EINLADUNGEN JA IN DIE VERGANGEN-HEIT SCHICKEN.
UND DAS GEHT NICHT.
ICH GLAUBE, SAYA, DU MUSST DICH DAMIT ABFINDEN, DASS MAN NICHT DURCH DIE ZEIT REISEN K...
FEDOR!
HEIRATEST DU SAYA?
DARF ICH TRAUZEUGE SEIN?
ICH WILL TRAUZEUGE SEIN!

SPÄTER

AUF DEM SCHULHOF, FEDOR ZU SAYA

»Saya, ich hab herausgefunden, wie man doch durch die Zeit reisen kann! Wir fahren nach Calais und steigen dort in den Zug nach London. Der fährt durch den Eurotunnel, und dabei überschreitet man eine Zeitgrenze. In London ist es nämlich eine Stunde früher als in Calais. Wenn du um 10.01 Uhr in Calais losfährst, kommst du um 9.57 Uhr in London an – eine Zeitreise von vier Minuten!«

WIMPERNDRAMA

CHIARAS FRAGE

»Chiara«, sagte Frau Verbeek am Tag nach Nikolaus. Alle Kinder gähnten den ganzen Tag vor sich hin, obwohl sie heute eine Stunde später zur Schule kommen durften. Alle? Nein, Chiara nicht. Frau Verbeek stand vor dem Plan von Mathe fürs Leben, und Chiara rief: »Ich weiß schon, was Sie jetzt sagen wollen. Ich bin heute dran!«

»Stimmt«, sagte Frau Verbeek. »Du bist die Letzte in diesem Jahr. Danach haben wir erst mal Weihnachtsferien. Aber du hast dir bestimmt eine schöne Matheaufgabe ausgedacht, oder?«

»Jaha«, sagte Chiara. Sie holte erst mal tief Luft. »Aber ich muss was dazu erzählen. Vorher. Also jetzt. Darf ich?«

»Aber nur kurz, Chiara. Vor dem Klingeln brauchen wir noch ein bisschen Zeit zum Aufräumen.«

Chiara sah auf die Uhr. »Ach, wir haben ja noch eine Viertelstunde, das klappt auf jeden Fall.«

»Na gut«, sagte Frau Verbeek.

»Also«, begann Chiara. »Es hat alles mit Donnerstag letzter Woche zu tun. Meine Mutter hatte ihren Freundinnenabend, deshalb hat meine Tante Deolinda auf mich aufgepasst. Sie ist eigentlich gar nicht meine Tante, sondern meine Großtante. Aber wir sagen immer Tante statt Großtante, sonst müsste man ja immer eine Silbe mehr sagen, und das dauert zu lange.«

»Das dauert zu lange?«, fragte Frau Verbeek.

»Ja, das dauert echt zu lange«, sagte Chiara. Sie zog eine Augenbraue hoch. Sie wusste sehr wohl, dass Frau Verbeek fand, dass sie zu viel redete, aber jetzt war Frau Verbeek nicht an der Reihe. Jetzt war Chiara mit ihrer Geschichte an der Reihe.

»Tante Deolinda war also da«, erzählte sie weiter. »Aber dann kam auch Christo. Das ist mein Cousin. Er ist nicht der Sohn von Tante Deolinda, denn die

ist ja meine Großtante .... Äh, na ja, Christo ist also vierzehn, und er ist ein heftiger Typ, das sagt er selber, und ich nenne ihn zwar Christo, aber eigentlich heißt er Christovao. Das sagen wir aber meistens nicht, denn das wäre ja eine Silbe mehr, und das ...«

»... dauert zu lange«, murmelten Mano und Sven wie aus einem Mund. Sie guckten sich an und grinsten. Chiara zog wieder eine Augenbraue hoch.

»Christo wollte shoppen gehen. Er kennt sich richtig gut mit Make-up aus, und er hat gesagt, er hätte ein Wimperndrama. ›Wieso das denn, Schatz?‹, fragte Tante Deolinda. ›Meine Wimpern kommen in meinem Gesicht überhaupt nicht zur Geltung‹, sagte Christo. ›Ja‹, sagte ich, ›weil dein Gesicht so heftig ist.‹ ›Da hörst du‹, sagte Christo zu Tante Deolinda. ›Meine Wimpern müssen *fabulous* werden, genau wie der Rest von mir.‹ Und dabei zwinkerte er so lustig, nach dem Motto: Ich weiß, dass ich selbstverliebt bin, aber das nehmt ihr mir doch nicht übel, oder? Na ja, wir gingen also shoppen. Tante Deolinda, Christo und ich. Und da ist es passiert.«

»Chiara, Liebes«, sagte Frau Verbeek. »Kannst du dich kurzfassen?«

»Jaja«, sagte Chiara. »Christo wollte eine elektrische Wimpernzange kaufen. Man kriegt eine Wimpernzange ja schon für sieben Euro oder so, aber die ziept an den Wimpern. Und darauf hatte Christo keine Lust, er hat nämlich ganz feine Härchen, da kann er auf kein einziges verzichten. Und er hat keine Lust, jeden Tag künstliche Wimpern anzukleben. Aber so eine elektrische Wimpernzange ist eine ganze Ecke teurer, deshalb mussten wir nach der günstigsten suchen. Tante Deolinda sagte: ›Aber nicht zu viel rumlaufen, Schatz.‹ Sie ist nämlich ziemlich kräftig. Sie sagt immer, dass sie die Liebe auf den Hüften trägt, aber ich glaube, es sind die Kilos.«

»Chiara!«, sagte Frau Verbeek.

»Okay«, sagte Chiara. »Was stellte sich heraus? Wir sind in vier verschiedene Geschäfte gegangen, und überall kostete so eine elektrische Wimpernzange, wie Christo sie haben wollte, genau gleich viel. Weil sie überall genau die gleiche hatten, logisch, oder?«

»Nein«, brummelte Jens, der es gern kurz und klar hatte. »Dann gab es doch gar kein Problem, oder?«

»Ha!«, rief Chiara. »Doch! Denn es gab Sonderangebote! Und die machten alles viel zu kompliziert! Die Wimpernzange kostete 19,90 Euro und Christo hatte 17 Euro auf seinem Konto. Eigentlich kamen ihm die Angebote also sehr gelegen. Aber …«

Jens seufzte. Frau Verbeek wollte etwas sagen, aber jetzt zog Chiara gleich beide Augenbrauen hoch.

»Aber die Angebote waren überall anders!«, sagte sie. »Zum Beispiel im ersten Geschäft … da gab es Rabattmarken. Mit einer vollen Rabattkarte musste man 7,50 Euro weniger zahlen. Zufällig war Christos Karte fast voll. Er hätte nur einen Kajal kaufen müssen, dann hätte er die Wimpernzange für 7,50 Euro weniger gekriegt. Das war eigentlich toll, aber Christo brauchte gar keinen Kajal, oder na ja, er war sich nicht sicher, deshalb wollte er lieber erst noch woanders gucken. Im zweiten Geschäft hatten sie eine Aktion: Wenn man zwei Artikel kaufte, gab es den zweiten umsonst. ›Okay‹, sagte Christo. ›Jetzt müssen wir rechnen. Oder warte mal, lass uns lieber erst noch woanders gucken …‹ Er zog mich raus, aber da dachte ich auf einmal: He, wo ist denn Tante Deolinda? ›Christo!‹, sagte ich. ›Wo ist Tante Deolinda?‹ – ›Was?‹, fragte er, während

er schon loslief. ›Die wollte irgendwohin, glaube ich, die kommt schon gleich wieder.‹ Ich fragte: ›Weiß sie denn, wo wir sind?‹ – ›Jaja‹, sagte Christo. Er hörte gar nicht richtig zu, er schrieb nämlich Nachrichten an seine Freundinnen und fragte sie, ob sie auch eine elektrische Wimpernzange haben wollten. Aber seine Freundinnen antworteten nicht, die waren beim Jazztanz, und eine war bei einem Casting für eine Datingshow.«

»CHIARA!«, rief Frau Verbeek. »Wie lautet deine Matheaufgabe?«
»Ich hab's gleich, Frau Verbeek! Schnell liefen wir zum dritten Geschäft, und da drehten wir allmählich durch, denn da war Räumungsverkauf. Weil der Laden dichtmachte, hatten sie alles runtergesetzt. Auf der Wimpernzange klebte ein Etikett mit 20 Prozent Rabatt. ›Schnell weiter!‹, rief Christo. ›Zum nächsten Geschäft!‹ Wir rannten also los, und waaaah – da fing Christo an zu schreien. ›Was ist, was ist?‹, fragte ich. ›Kombinationsrabatt!‹, rief Christo. Er las das Kärtchen, das neben der Wimpernzange stand. ›Beim Kauf von zwei Fläschchen Wimpernserum kostet die Wimpernzange nur die Hälfte. Wahaaa!‹ Ich rief: ›Ganz ruhig! Benutzt du dieses Serum?‹ – ›Nein!‹, schrie Christo. ›Na dann!‹, rief ich. Und er wieder: »Aber ich kann ja damit anfangen! Was jetzt?‹ Da sagte ich nichts mehr, sondern zog ihn aus dem Geschäft raus, die Leute guckten nämlich schon. ›Das ist doch zum Verrücktwerden!‹, murmelte Christo, und da stolperte er auch noch über seinen offenen Schnürsenkel und fiel gegen mich, ich konnte ihn so gerade noch auffangen, und er sagte: ›Das kann man doch alles gar nicht ausrechnen, wo ist das Ding jetzt am günstigsten, und warum hab ich nicht irgendeinen simplen gut bezahlten Job und WAHAAAAAA!‹ Auf einmal fing er an, noch lauter zu schreien. Mitten auf der Straße. ›WAS IST?!‹ Jetzt schrie ich auch. Und er rief: ›WO IST GROßTANTE DEOLINDA? WIR HABEN GROßTANTE DEOLINDA VERLOREN!‹ Er wusste also auch nicht, wo sie steckte! Er sauste los und ich hinterher. Durch die ganze Fußgängerzone, wir guckten links, wir guckten rechts, wir guckten in alle Wimpernzangenläden und auf allen Bänken, aber sie war nirgends. Oh, ich sehe, es ist Zeit, also ...«

Chiara verstummte plötzlich. »Äh, Entschuldigung«, sagte sie. »Ich rede zu viel. Was ich sagen wollte: Das ist meine Matheaufgabe. Wie hält man die ganzen Angebote auseinander? Und wie kann man das beim Einkaufen alles schnell ausrechnen? Ich stelle diese Frage für meinen Cousin Christo. Eigentlich heißt er Christovao, aber meistens sagen wir ...«

O nein, nicht das schon wieder.
Die Zeit drängte, die Stunde war um.
Chiara sah Frau Verbeek an. Und die Kinder, die vor ihr saßen. Alle hatten sich zu ihr umgedreht und starrten sie mit offenem Mund an.
»Was ist?«, sagte sie. »Ich sollte mich doch beeilen!«
»Schon …«, sagte Frau Verbeek ein bisschen heiser. »Aber …« Sie beendete den Satz nicht. Niemand in der Klasse rührte sich. Was war los?
Chiara zog die Augenbrauen hoch. Erst die eine, dann die andere. Das konnte sie: erst die eine, dann die andere. »Äh …«, flüsterte sie, »keine gute Frage?«
Und da brach in der Klasse ein Riesenradau los. Die Reißzwecken sprangen aus den Postern, und die Wände wölbten sich, denn alle, wirklich alle, brüllten los: »WO WAR TANTE DEOLINDA DENN NUN?!!!?«
Chiaras Haare flatterten von dem Geschrei, und ihre Wimpern bogen sich ganz von selbst.
»Ach so«, sagte sie. »Die haben wir eine halbe Stunde später bei Burger King gefunden. Sie tupfte sich gerade die Lippen mit ein paar Servietten ab. Wir sagten: ›Tante Deolinda, du warst auf einmal verschwunden, wir haben uns Sorgen gemacht!‹ Da guckte sie uns an, als wäre sie unsere ungezogene kleine Schwester, und rief: ›Aber die Whopper waren im Angebot! Drei zum Preis von zweien!‹«

MATHEAUFGABE 11: CHIARA

RECHNET ALLE MAL SELBST AUS, WIE VIEL CHRISTO HÄTTE BEZAHLEN MÜSSEN.
1. Geschäft
2. Geschäft
3. Geschäft
4. Geschäft
Was kaufst du?
Wimpernzange € 19,90
Kajal € 6,00
Wie viel Rabatt gibt es?
- € 7,50
Was zahlst du insgesamt?
18 EURO 40!

STIMMT, WEITER ZUM ZWEITEN GESCHÄFT.
DA GIBT ES ZWEI ZUM PREIS VON EINEM.
1. Geschäft
2. Geschäft
3. Geschäft
4. Geschäft
Was kaufst du?
Wimpernzange € 19,90
Kajal € 6,00
2 Wimpernzangen € 39,80
Wie viel Rabatt gibt es?
- € 7,50
- € 19,90
Was zahlst du insgesamt?
€ 18,40
€ 19,90
WAS SOLL MAN MIT ZWEI WIMPERNZANGEN?
DANN KANN MAN SICH BEI BEIDEN AUGEN GLEICHZEITIG DIE WIMPERN BIEGEN!

Prozente
Pro = für
Cent = hundert
Ein Prozent ist also eigentlich ein Teil von einem Betrag, der in 100 Stückchen zerlegt worden ist.
20% = **20** Stückchen von **100**.
47% = **47** Stückchen von **100**.
Um einen Prozentwert auszurechnen, teilt man den Betrag, mit dem man anfängt, erst mal durch **100**. So erhält man **1%**.

BEISPIEL: Wie viel ist **7%** von **1500**?
1500 = 100%
1% davon sind … geteilt durch **100** … = **15**.

Diese Zahl multipliziert man dann mit dem Prozentsatz.

BEISPIEL: Wie viel ist **7%** von **1500**?
1% war **15**.
Dann sind **7%** = **7** × **15** … mal eben ausrechnen … **105**.

	1. Geschäft	2. Geschäft	3. Geschäft	4. Geschäft
Was kaufst du?	Wimpernzange € 19,90 Kajal € 6,00	2 Wimpernzangen € 38,80	Wimpernzange € 19,90	
Wie viel Rabatt gibt es?	- € 7,50	- € 19,90	- € 3,98	
Was zahlst du insgesamt?	€ 18,40	€ 19,90	€ 15,92	

	1. Geschäft	2. Geschäft	3. Geschäft	4. Geschäft
Was kaufst du?	Wimpernzange € 19,90 Kajal € 6,00	2 Wimpernzangen € 38,80	Wimpernzange € 19,90	Wimpernzange € 19,90 2 Fläschchen Wimpernserum € 8,00
Wie viel Rabatt gibt es?	- € 7,50	- € 19,90	- € 3,98	- € 9,95
Was zahlst du insgesamt?	€ 18,40	€ 19,90	€ 15,92	€ 17,95

ICH SAGE:
GEH INS ZWEITE GESCHÄFT, DA KRIEGT MAN DEN GRÖẞTEN RABATT.
ABER DA BEZAHLT MAN AUCH AM MEISTEN.
UND DANN SITZT MAN DA MIT ZWEI WIMPERNZANGEN!
DANN GIBT MAN DIE EBEN JEMAND ANDERS! ICH SEHE DAS PROBLEM NICHT.
DANN FREUEN SICH GLEICH ZWEI.
VIEL ZU KOMPLIZIERT. DESHALB INS DRITTE GESCHÄFT.
JA.
DA KRIEGT MAN NUR DAS, WAS MAN WIRKLICH HABEN WILL, UND BEZAHLT AM WENIGSTEN.
ES SEI DENN, MAN HÄTTE AUCH NOCH GERN WIMPERNSERUM!
I KNOW!
DESHALB IST CHRISTO AUCH DURCHGEDREHT UND ICH AUCH, UND AM ABEND HABEN WIR GESEHEN, DASS MAN SIE AUCH ONLINE BESTELLEN KANN, SOGAR NOCH BILLIGER, UND DA GAB ES SOGAR NOCH SO KLEINE KISSEN DAZU, IHR WISST SCHON, AUS SILIKON, ABER DA WÄREN DANN VIELLEICHT NOCH VERSANDKOSTEN DAZUGEKOMMEN, DA BIN ICH MIR NICHT MEHR SO SI...
STOPP!

SPÄTER

CHRISTO ZU CHIARA

»In Amerika gibt es eine besonders eifrige Rabattmarkensammlerin, Lauren Puryear. Sie macht das aber nicht für sich selbst, sondern um anderen zu helfen. Sie versorgt Obdachlose und Menschen, die kein Geld haben, mit Gratismahlzeiten. Mit ihren vielen Rabattmarken funktioniert das sehr gut. Einmal hat sie zum Beispiel mit weniger als zwanzig Dollar und einem Riesenstapel Rabattmarken Essen für hundertfünfzig Menschen gekauft. Indem sie allerlei Rabatte geschickt kombinierte, gelang es ihr auch, hundert Packungen italienische Pasta und fünfzig Dosen Soße umsonst zu bekommen. Mittlerweile hat Lauren Puryear für fast hunderttausend Menschen eine Mahlzeit bereitgestellt, und sie sammelt immer noch weiter Rabattmarken. Ich sag nur: *gurlllll!*«

EINE MAUER

JENS' FRAGE

Zwanzig Haie starrten Jens an (einer war krank). Sie waren wütend, das konnte man sehen. Warum eigentlich? Woher kam das? Und was sollte er jetzt machen?

Es lag alles an dem, was gestern passiert war.
Jens hatte in seinem Zimmer an den Hausaufgaben gesessen: Zuerst die Topografie von Osteuropa anschauen und Fragen beantworten, dann eine Matheaufgabe überlegen. Da hörte er das Auto seines Vaters. Er hörte Bremsen, das Schlagen der Autotüren, dann die Schritte seines Vaters und seiner kleinen Schwester Belle im Kies.
Jens war heute Nachmittag schon früher mit dem Rad zu seiner Mutter gefahren, und jetzt brachte sein Vater auch Belle nach Hause, die war beim Kinderturnen gewesen. Heute wechselten Belle und Jens von ihrem Vater zu ihrer Mutter. Sie wechselten jeden Mittwoch: Eine Woche wohnten sie bei ihrem Vater, die andere bei ihrer Mutter.

Der Wechsel war meistens problematisch. Nicht für Jens und Belle, sondern für ihre Eltern. Ja, man konnte es ruhig aussprechen: Sie hassten einander. »Ach was, wir hassen uns doch nicht«, sagte Mama manchmal. »Wir verstehen einander eben immer weniger und finden auch nicht die Worte, um das zu ändern.«
Darum blieb Papa beim Wechsel immer im Auto sitzen, und Mama blieb im Haus. Oder andersrum. Zwischen den beiden war zwar keine echte Mauer aus Stein, aber eigentlich doch. Eine unsichtbare Mauer. Belle und Jens mussten jedes Mal hindurch, wenn sie vom einen zum anderen gingen. Es war schon eine enorme Leistung, dass es ihnen jede Woche wieder gelang, man hätte doch Bauchschmerzen davon bekommen müssen.
Jens fand das alles ziemlich kindisch von seinen Eltern. Das sagte er nicht, denn sie waren beide auch ganz lieb oder sogar sehr lieb, aber manchmal war es ein großes Chaos.

Diesmal war es also anders. Denn das waren wirklich Papas Schritte im Kies. Zum ersten Mal seit Ewigkeiten blieb er nicht im Auto sitzen.
Schnell lief Jens die Treppe runter und sah gerade noch das zweite Wunder: Mama ging in den Flur. Wow, wow.
Auf einmal schien die Mauer verschwunden zu sein! Sein Vater draußen, seine Mutter hier drinnen, und die Tür ging auf, und niemand explodierte.

Ganz ruhig standen sie einander gegenüber. Jens schaute am Rücken seiner Mutter vorbei zu seinem Vater, dann zu Belle, die jedoch nicht merkte, wie besonders es war. Sie nuckelte weiter am Daumen, wie sie es öfter machte, wenn sie müde war, weil: Kinderturnen.
Aber es wurde noch viel besonderer, denn was geschah jetzt? Mama und Papa redeten ganz normal miteinander!
»Hi«, sagte Mama.
»Hallo«, sagte Papa.
»Äh ... lief es gut bei Belles Turnen?«
»Jaja. Ich wollte ...«
»Ja, ich weiß.«
»Soll ich dir einfach ...?«
»Nee, komm ruhig rein.«

Komm ruhig rein.
Davon bekam Jens ganz heiße Ohren.
Er rief: »Hi Papa!« Es kam ein bisschen zu laut raus, und er hatte ihn ja vor zwei Stunden noch gesehen, aber das war egal. Jens lief an seiner Mutter vorbei, die sich im Flur umdrehte. Papa wollte ihr nach, aber erst musste Jens ihn noch drücken. Er war zwar schon elf, aber an so einem besonderen Tag musste das sein.
»Hi Süßer«, sagte Papa, und Arm in Arm passten sie so gerade durch die Wohnzimmertür.
»Jens«, sagte Mama. »Jens, Schatz, lässt du uns mal kurz allein? Belle muss ihr Turnzeug in den Wäschekorb werfen, kannst du aufpassen, dass sie nichts vergisst?«
»Och nee, Mama«, sagte Jens. Sein Vater roch nach Lederjacke. Bei Papa zu Hause fiel der Geruch nicht auf, hier aber wohl, herrlich.
»Jens«, sagte Mama streng.

»Na komm«, sagte Papa.
»Grrr«, machte Jens. Widerstrebend löste er sich von seinem Vater und ging rückwärts in den Flur. An der Tür winkte er noch mal.
Papa sah es nicht. Er stand ein wenig unbeholfen neben dem Fernsehsessel. Mama ging zum Aktenschrank und zog eine Schublade auf. Sie blickte hoch. »Jens!«, sagte sie, und jetzt musste er die Wohnzimmertür wohl oder übel zumachen.

Mit drei Schritten flog er die Treppe hinauf. »Belle!«, rief er. Seine Schwester lag auf dem Bett. Ihr Tablet hielt sie mit ausgestreckten Armen in die Luft.
»Spielst du wieder Sims?«, fragte Jens von der Tür aus.
Belle gab keine Antwort und tippte weiter auf dem Bildschirm herum.
»Belle!«, rief er wieder. »Bist du blind, oder was? Ein Wunder ist geschehen, Mama und Papa reden wieder miteinander!«
Sofort ließ Belle das Tablet sinken. »Oh«, sagte sie. Sie legte das Spiel beiseite und drehte sich zu Jens auf die Seite.
»Das machen sie sonst nie«, sagte Jens. »Es ist also was Superbesonderes. Wir müssen nach unten schleichen und lauschen!«
Mit einem Ruck fuhr Belle hoch und sprang vom Bett.
»Psst!«, machte Jens noch, aber Belle schlüpfte schon an ihm vorbei und stahl sich auf Socken zur Treppe. Jens kicherte. Wenn jemand schleichen konnte, dann seine Schwester. Sehr unpraktisch, wenn Mano endlich mal zum Spielen vorbeikam und Belle, die in ihn verliebt war, andauernd auftauchte. Aber jetzt war es sehr praktisch.

Auf Zehenspitzen schlichen sie die Treppe hinunter und standen kurz darauf vor dem Wohnzimmer, ein Ohr an die Tür gelegt.
»Also«, hörte Jens seine Mutter sagen.
»Jaja«, sagte Papa.
Wenn sie wieder zusammenziehen, dachte Jens, geht mein größter Wunsch in Erfüllung.
»Ich bin alles noch mal durchgegangen …«, sagte Mama.
»Okay«, sagte Papa.
Gestern hatte Jens noch nicht gewusst, was sein größter Wunsch war, und heute Morgen auch nicht. Aber vorhin, als Papa zur Tür reinkam, tönte es plötzlich laut in seinem Kopf: PAPA WIEDER BEI UNS!

»Ich wollte das nicht am Telefon besprechen«, sagte Mama.
Jens drückte leicht Belles Hand. Es war, als würde etwas wiederhergestellt. Als würde ein dicker fetter Fehler in einer Mathearbeit plötzlich – zack – in die richtige Lösung verwandelt. Als würde ein Rückstand von 0:3 im Schulfußball – zack – auf der Anzeigetafel zu einem 3:0-Vorsprung.
»Nein«, sagte Papa. »So ist es besser. Wenn ich schon mal da bin. Glaub ich.«
»Äh ... ja«, sagte Mama.
Das war echt dumm von seinen Eltern gewesen, fand Jens, sich so zu irren. Dass sie sich erst gestritten hatten, dass Papa dann ausgezogen war und Mama jeden Tag Essen beim Lieferservice bestellen musste, denn sie konnte wirklich nicht kochen. Was für eine Zeitverschwendung!

Belle hob den Zeigefinger. Das bedeutete, dass sich da drin etwas tat. Schnell trat sie von der Tür zurück und winkte Jens zu sich.
Okay, okay – Jens zog seine Schwester zurück, bis sie wieder an der Treppe standen. Und dann gingen sie Stufe für Stufe rückwärts nach oben. Damit es so aussah, als kämen sie zufällig gerade die Treppe runter.
Gleich würde die Wohnzimmertür aufgehen, jetzt gleich!
Jens starrte auf die Klinke. Er legte Belle einen Arm um die Schultern. Sie roch nach etwas Süßem, bestimmt hatte sie wieder einen Lolli gelutscht.
Wann kamen Mama und Papa denn endlich und sagten ihnen, dass alles wieder so wurde wie früher?
Quie-ietsch machte die Tür. Quie-ietsch.
Papa machte viel zu langsam auf, er redete immer noch mit Mama. »Na gut«, sagte er. »Ist dann alles in Ordnung?«

»Ja«, hörte Jens seine Mutter murmeln. »Danke.« Und da kam sein Vater endlich in den Flur.
»Papa!«, rief Jens. Er ließ Belle los und rannte die Treppe runter.
Sein Vater hatte die Jacke gar nicht ausgezogen. Und er lief mit gesenktem Kopf zur Haustür. Das war komisch.
»Papa!«, sagte Jens noch mal. Er lief hinter seinem Vater her. Papa war zerstreut. Bestimmt hatte er was im Auto vergessen. Eis. Oder seinen Kulturbeutel. Jens blieb in der Tür stehen, während sein Vater über den Kiesweg ging. Eins, zwei, drei, vier.
Belle kam zu ihm. Sie wollte etwas sagen. »Jens …«, begann sie. Aber Jens hörte nicht auf sie. Er legte den Kopf in den Nacken und rief: »MAMA! Was macht Papa? Bleibt er jetzt hier?«
»Jens …«, sagte Belle noch mal.
Und da stand Mama plötzlich hinter ihnen. Sie legte eine Hand auf Jens' rechte Schulter und die andere auf Belles linke Schulter. »Jens«, sagte sie leise. »Was denkst du dir denn? Du weißt doch, wie es zwischen deinem Vater und mir steht!?«

Und da sah Jens es.
Papa lief mit seinem gesenkten Kopf nicht zur Heckklappe und auch nicht zur Seitentür.
Er holte nichts aus dem Wagen. Er ging zur Fahrertür.
Und fuhr weg.
»Nein!«, rief Jens. Er riss sich los, sodass er die Hand seiner Mutter nicht mehr spürte, dann drehte er sich wütend zu ihr um. »WARUM!«, rief er. »WARUM IST ER DANN REINGEKOMMEN!«
»Ach, Schatz«, sagte seine Mutter. Sie faltete die Hände, als wollte sie beten oder so. »Schatz«, sagte sie. »Dein Vater ist gekommen, um die endgültigen Papiere für die Scheidung zu unterschreiben.«
»SCHEIDEN?«, schrie Jens. »ICH DACHTE, IHR …«
Er konnte den Satz nicht beenden. Er war auf einmal so müde. Seine Arme fielen schlaff herunter.
»Ach, Süßer«, sagte Mama. »Du hast wirklich gedacht, dass …«
In diesem Moment fing Belle an zu weinen. Mama nahm sie in die Arme, redete ihr beruhigend zu und ging mit ihr ins Haus.
Jens blieb stehen. Vor dem Haus. Vor Mamas Haus. Er wusste nicht mehr weiter.

Er hatte alles falsch verstanden.
Papa und Mama kamen nicht mehr zusammen.
Er … er machte die Haustür zu.
Dann drehte er sich um und starrte ein bisschen vor sich hin in den Vorgarten. Er dachte an die Mauer. Seine Augen tränten, deshalb musste er sich den Garten vorstellen. Und auch, dass auf einmal überall Backsteine herumlagen. Die sich von selbst übereinanderstapelten und eine Mauer bildeten, ohne dass jemand dabei half. Das war unmöglich, und es passierte natürlich nicht in echt – trotzdem sah er es vor sich. Super. Eine dicke fette Drecksmauer.
Jens hätte gern geschrien, aber seine Kehle war zu eng. Deshalb machte er das Einzige, was ihm einfiel. Er trampelte drauflos.

Das war gestern gewesen, und jetzt guckten ihn zwanzig wütende Mitschüler an (Mick war krank). Warum eigentlich? Wie war das gekommen? Und was sollte er jetzt machen?

Seit gestern konnte er an nichts anderes mehr denken als an Papa, Mama und die Mauer. Wie falsch er alles verstanden hatte. Nachdem er sämtliche Pflanzen in Mamas Vorgarten kaputt getrampelt hatte, war er hinters Haus gerannt. Da hatte er sein Fahrrad auf den Boden geknallt und wollte sich gerade auf einen Pflanzenkübel stürzen, als Mama von hinten ihre starken Arme um ihn geschlungen hatte.
Ja, das war gestern gewesen. In der Nacht hatte er sechsmal geweint. Und heute Morgen hatte er nichts gegessen, nur ein bisschen Vanillepudding. Im Unterricht hatte er kaum zugehört, in der Pause war er nur auf dem hinteren Platz herumgerannt, anstatt beim Fußball mitzumachen, und dann hatten sie sich im Kreis zusammengesetzt, um über die Nachrichten zu diskutieren.
Er konnte sich nicht darauf konzentrieren. Worum ging es? Um Flüchtlinge oder so? Darüber, was strenge Menschen in Amerika von ihnen hielten. Jemand sagte etwas von einer Mauer.
Und da wachte Jens auf. Er wurde ganz blass, denn er hatte seine Hausaufgaben total vergessen. Die mit der Topografie Osteuropas! Und die Matheaufgabe!
Die anderen diskutierten gerade lebhaft, hinterher hatte er das begriffen. Sie fanden es unmöglich, dass Kinder, die vor dem Krieg geflohen waren, nicht in den Niederlanden bleiben durften. Oder in Belgien. Oder in Amerika. Aber in diesem Moment hörte Jens das alles nicht. Er meldete sich.

»Frau Verbeek!«, sagte er. »Frau Verbeek! Ich weiß jetzt eine Matheaufgabe!« Und dann sagte er das, worüber alle so wütend wurden, dass sie sich in blutrünstige Haie zu verwandeln schienen. »Frau Verbeek«, sagte er. »Meine Matheaufgabe ist: Wie viel kostet es, eine Mauer rund um unseren Stadtteil zu errichten? Eine dicke fette Drecksmauer?«
Er meinte es gar nicht so. Aber er war immer noch unbeschreiblich sauer wegen gestern. Wegen der offiziellen Papiere. Wegen Papa mit seinen gebeugten Schultern. Wegen Mama mit ihrem Lieferservice. Und deshalb meinte er es doch so.
Erst sahen ihn zwanzig Mitschüler total verblüfft an. Aber nicht lange. Einer nach dem anderen wurden sie stocksauer.

»WAS?! WIE KANNST DU SO WAS SAGEN?«, riefen Chiara, Mirelva, Estelle und Sven und noch ein paar andere. »Warum willst du eine Mauer gegen die Flüchtlinge bauen? Bist du ein Diktator oder so?«
»Jens«, sagte Frau Verbeek. »Du musst deine Matheaufgabe erst morgen stellen. Warum hast du das denn jetzt gesagt?«
Jens drehte sich um. Dunkel funkelnde Augen starrten ihn an plus die blauen Augen von Frau Verbeek, die ganz offensichtlich auch nichts begriff.
Und da fing er zum siebten Mal an zu weinen.

DOPPELPASS
KUZEYS FRAGE

Kuzey saß mit Jens in der Büchereiecke der Aula. Frau Verbeek hatte ihn gebeten, Jens zu begleiten, damit der sich beruhigen konnte. »Klar«, hatte Kuzey gesagt, denn Jens und er waren zwar nicht die allerbesten Freunde, aber sie saßen in der Klasse nebeneinander, und beim Fußball spielten sie beide auf der linken Seite, Jens hinten und Kuzey vorn.

Wie auch die anderen in der Klasse hatte Kuzey einen ganz schönen Schreck bekommen, als Jens plötzlich angefangen hatte zu weinen. Erst dachten alle, es wäre wegen seiner dummen Bemerkung über eine Mauer, wo sie doch gerade über Flüchtlinge und Grenzen sprachen. Frau Verbeek war zu Jens hingelaufen. Sie sagte: »Ach Jens, wir diskutieren doch einfach nur.« Aber Jens schüttelte zornig den Kopf. Dadurch spritzten die Tränen von seinen Wangen, und eine landete auf Kuzeys Tisch. Vielleicht begriff Kuzey durch diese Träne, dass da irgendwas anderes los sein musste. Jens weinte sonst nie, auch nicht, wenn sie im Spiel sauer auf ihn waren, weil er seinen Gegenspieler hatte entwischen lassen. Dann zuckte er bloß mit den Schultern und strengte sich doppelt an.

Als Frau Verbeek bei Jens stand, guckten ein paar aus der Klasse immer noch wütend, aber Chiara, die am lautesten gebrüllt hatte, wirkte plötzlich auch ein bisschen durcheinander. Jens schüttelte immer noch den Kopf, und da sagte Kuzey leise: »Frau Verbeek, ich glaube, da ist irgendwas anderes los.«
Frau Verbeek drehte sich zu ihm um und sagte: »Das glaub ich auch. Vielleicht möchte Jens mal im Flur einen Becher Wasser trinken. Mit dir. Okay?«
»Okay«, sagte Kuzey, und Jens flüsterte auch »Okay«.

Inzwischen hatte Jens schon drei Becher Wasser getrunken, Kuzey hatte immer wieder einen neuen geholt.
»Hey«, sagte Kuzey nach einer Weile. »Guckst du im Sommer die Europameisterschaft?«

Jens seufzte ein paar Mal und sagte dann: »Na klar. Bist du für die Niederlande?«
»Ja«, sagte Kuzey. »Und für die Türkei. Aber wenn beide rausfliegen, halte ich zu Portugal oder Spanien. Und du?«
»Belgien«, sagte Jens. »Glaub ich.«
»Okay«, sagte Kuzey.
Und dann dachte er: Ich frage jetzt einfach. Also fragte er: »Was war denn los?«
»Privat«, sagte Jens.
»Eltern?«, fragte Kuzey.
»Ja«, sagte Jens.
»Mist.«
»Ziemlich.«
»Die meinen das nicht so«, sagte Kuzey dann.
Jens brauste auf. »Sie müssen einfach aufhören! Aufhören, sich zu hassen und uns zu verarschen und sich zu benehmen, als ob sie wieder zusammenkommen würden und ...«
»Moment mal!«, rief Kuzey. »Ich meinte die Klasse. Dass sie sauer geworden sind, als du das mit der Mauer gesagt hast.«
»Ach das«, sagte Jens. Er ließ die Schultern wieder hängen. »Ich meinte keine Mauer gegen Ausländer. Ich dachte an ...«
»Ja, Mann, deine Eltern ...«, sagte Kuzey. »Mist ...«
»Ich hab gar nicht gehört, was sie gesagt haben«, sagte Jens.
»Ich auch nicht«, sagte Kuzey.
Jens sah ihn von der Seite an. »Echt nicht?«
»Na ja, irgendwie schon. Aber mein Vater sagt immer, dass es gar keine Flüchtlinge gibt.«
»Hä?«
»Jemand, der geflüchtet ist, sagt er, ist kein Flüchtling. Er ist jemand mit einer Geschichte.«
»Was für eine Geschichte?«, fragte Jens.
»Weiß nicht. Die Geschichte darüber, was ihm im Leben passiert ist oder so. Mein Vater regt sich immer über die Nachrichten auf, weil sie da immer über Ausländer reden oder über Flüchtlinge, über Türken und Marokkaner. Echt, manchmal springt er von seinem Sessel auf und brüllt den Fernseher an. ›Jeder Mensch ist anders! Über wen redet ihr hier eigentlich? Ich bin Türke, ich bin Niederländer, ich bin ein Nachbar, ein Vater, ich bin einer, der ins Fitnesscenter geht, ich bin alles zugleich!‹ So was brüllt er dann. Und danach schaltet er

immer den Fernseher aus, oben am Gerät. ›Baba!‹, sagen wir dann immer. ›Du kannst ihn doch mit der Fernbedienung ausschalten! Jetzt müssen wir wieder zum Fernseher laufen!‹«

Kuzey verstummte. Er wunderte sich selbst darüber, was er da alles erzählte. Jens war sein Fußballkumpel, mehr nicht. Na ja, auf dem Platz verstanden sie sich schon echt gut. Wenn er losstürmte, half Jens ihm immer und umgekehrt. Wenn Jens mal über die Flanke verteidigte, übernahm Kuzey seine Position. Jetzt, wo er darüber nachdachte, fiel ihm auf, dass sie auch ziemlich oft Doppelpässe spielten. Jens spielte ihm den Ball zu, er schoss zurück, und dann passte Jens wieder zu ihm. Und in der Zwischenzeit waren sie auf dem Platz ein Stück weiter vorn.

Ha, Jens lachte wieder.

»Was ist?«, fragte Kuzey.

»Wenn mein Vater«, sagte Jens, »Kopfhörer aufhat, dann denkt er, wir hören es nicht, wenn er mitsingt.«

»Wow«, sagte Kuzey. »Und, singt er gut?«

»Absolut nicht.« Jens grinste.

»Tsss«, machte Kuzey.

»Ich glaub …«, sagte Jens, »ich hätte wohl besser fragen sollen, wie viel es kostet, ein paar Häuser für die Flüchtlinge zu bauen. Statt einer Mauer.«

»Na jaa«, sagte Kuzey. »Das hast du ja auch wieder nicht gemeint.«

»Nee«, sagte Jens. »Stimmt.«

»Ich hab eine Idee«, sagte Kuzey. »Ich bin ja nach dir mit der Matheaufgabe dran. Wir könnten unsere Aufgaben doch kombinieren.«

»Was?«, sagte Jens. »Wie das denn?«

Kuzey stand auf und schlug Jens ein bisschen zu fest auf die Schulter. »Ganz einfach«, sagte er, »mit einem Doppelpass.«

Kurz darauf klopfte Kuzey an die Tür des Klassenzimmers. Frau Verbeek rief die beiden herein. Die Klasse las gerade einen Text, aber alle hoben den Blick. Jens sah, dass seine Mitschüler alle – bis auf Mick, der war krank – auf seine Wangen schauten. Sie wollten natürlich sehen, ob noch Tränen flossen.

Das fühlte sich zwar nicht mehr so haimäßig an, aber Jens war trotzdem froh, dass Kuzey neben ihm stand. Denn nun musste er sagen, was sie sich gemeinsam überlegt hatten. »Äh …«, begann er.

Frau Verbeek stand an Romans Tisch und erklärte ihm etwas, aber jetzt richtete sie sich auf. Jens schluckte. »Ähm, Frau Verbeek, ich würde meine Matheaufgabe gern ändern, wenn das geht. Geht es? Okay. Also, jetzt kommt die richtige Aufgabe: Angenommen, alle geschiedenen Eltern in unserem Land ziehen wieder zusammen, wie viele leere Wohnungen haben wir dann für Flüchtlinge übrig?«
Ein zaghaftes Lächeln huschte über Frau Verbeeks Gesicht. Und das wurde immer breiter, als Kuzey den Doppelpass vollendete. »Frau Verbeek«, sagte Kuzey. »Darf ich dann auch gleich meine Matheaufgabe stellen? Hier ist sie. Wie viel kostet es, eine Mauer rund um unseren Fußballplatz zu bauen? Eine ganz dicke Drecksmauer? Weil nämlich echt alle Hunde aus der Nachbarschaft auf unsere Wiese kacken!«

MATHEAUFGABE 12: Jens

ANGENOMMEN, ALLE GESCHIEDENEN ELTERN IN UNSEREM LAND ZIEHEN WIEDER ZUSAMMEN, WIE VIELE WOHNUNGEN HABEN WIR DANN FÜR FLÜCHTLINGE ÜBRIG?

Das scheint auf den ersten Blick eine einfache Frage zu sein. Man recherchiert, wie viele geschiedene Eltern es bei uns gibt, teilt diese Zahl durch zwei, und schwups, schon hat man die Anzahl der leeren Wohnungen, die übrig bleiben.

Aber …

Mein Onkel Ruben zum Beispiel ist geschieden, wohnt aber bei seiner neuen Freundin. Er hat drei Kinder, und sie hat auch drei Kinder …

und manchmal wohnen jetzt sechs Kinder bei ihnen und manchmal null, wenn alle bei ihrem anderen Elternteil sind.

Aber wenn die alle wieder mit ihrer Mutter und deren neuem Freund zusammenziehen müssten …

DAS MACHT DIE SACHE WIRKLICH KOMPLIZIERT.
ABER JENS, DAMIT WIR ES TROTZDEM BERECHNEN KÖNNEN, WOLLEN WIR UNS AUF DIE ELTERN BESCHRÄNKEN, DIE SICH DIESES JAHR SCHEIDEN LASSEN.
ES SIND JEDES JAHR UNGEFÄHR 18.000.
SCHEIßVIEL.

WENN SIE WIEDER ZUSAMMENZÖGEN, HÄTTEN WIR ALSO 9000 FREIE WOHNUNGEN.
WENN GEFLÜCHTETE MENSCHEN ZU VIERT IN EINE WOHNUNG ZIEHEN WÜRDEN, WÄRE INSGESAMT PLATZ FÜR 36.000 PERSONEN.
9000 Wohnungen × **4** Flüchtlinge = **36.000** Flüchtlinge
ABER DAS PASSIERT NATÜRLICH NICHT.
DAS IST MIR AUCH KLAR.

SPÄTER
IN GESELLSCHAFTSKUNDE

Herr Sanders: »Wisst ihr eigentlich, wie viele Menschen jedes Jahr in die Niederlande flüchten?«
Kuzey: »Eine Million?«
Herr Sanders: »Nein, das sind eine ganze Ecke weniger. In den letzten Jahren waren es weniger als 30.000 – die würden in die 9000 leeren Wohnungen also ganz gut reinpassen, die wir heute Morgen berechnet haben. Aber du bist nicht der Einzige, der glaubt, dass es viel mehr sind. So etwas ist immer schwer zu schätzen. Komischerweise schätzen viele Menschen die Lage zu düster ein. Der schwedische Weltverbesserer Hans Rosling hat zu diesem Thema einen schönen Test unter anderem mit solchen Fragen ausgearbeitet:

1. Wie viele Mädchen in armen Ländern schließen die Grundschule ab?
a. 20%
b. 40%
c. 60%
2. Wie hat sich in den letzten hundert Jahren die Anzahl der Menschen entwickelt, die bei Naturkatastrophen ums Leben kommen?
a. Mehr als verdoppelt.
b. Ungefähr gleich geblieben.
c. Um mehr als die Hälfte reduziert.
3. 1996 standen der Tiger, der Große Panda und das Spitzmaulnashorn auf der Liste der bedrohten Tierarten. Welche der drei Arten sind heute noch ernsthaft bedroht?
a. Keine der drei.
b. Eine.
c. Zwei.«

Die richtigen Antworten lauten 1c, 2c und 3a. Hattest du alles richtig? Rosling scherzte, dass er den Test besser von Schimpansen als von Menschen ausfüllen lassen könnte. Die Menschen wählen fast nie die richtigen Antworten, weil sie automatisch das Schlimmste für die Welt annehmen. Schlimmer, als es in Wirklichkeit ist.

MATHEAUFGABE 13: Kuzey

WIE VIEL KOSTET ES, EINE MAUER UM UNSEREN FUßBALLPLATZ ZU BAUEN?

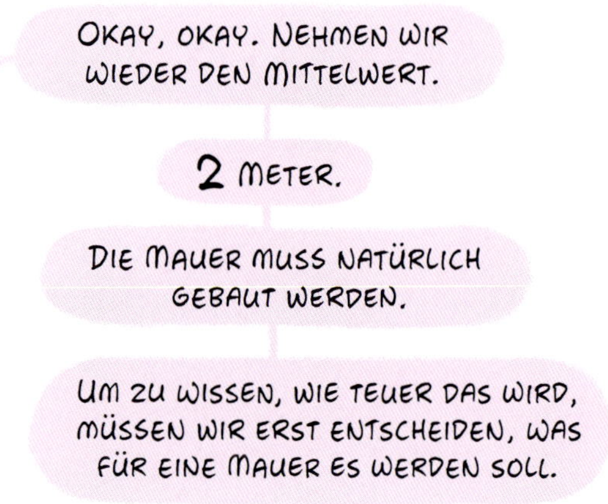

Ich glaube, eine Halbsteinmauer sollte reichen. Das bedeutet, dass die Mauer so breit wird wie die schmale Seite eines Ziegelsteins. Das ist auch die billigste Variante.

Genauer gesagt:
111 Euro pro Quadratmeter. Wisst ihr noch, was ein Quadratmeter ist?

Das ist ein Flächenmaß.

QUADRATMETER

Ein Quadratmeter ist eine Fläche von einem Meter Breite und einem Meter Länge.

Das schreibt man so: **1** m².

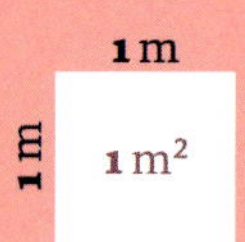

OBERFLÄCHE

Wie groß ist eine Wiese? Wie groß ist eine Mauer? Wie groß ist der Fußboden bei dir zu Hause? Eigentlich fragt man dann: Wie viele Flächen von einem Meter Länge und einem Meter Breite sind das insgesamt?

Also:
Wie viele Quadratmeter (m²)? Das kann man für ein Rechteck berechnen, indem man Länge mal Breite rechnet. Die Zahl, die dann herauskommt, ist die **Oberfläche**.

Fläche der Mauer an der Längsseite

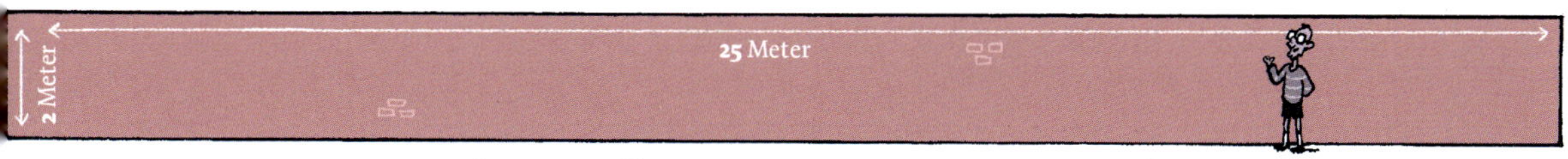

Länge × Höhe → **25** Meter × **2** Meter = **50** m²

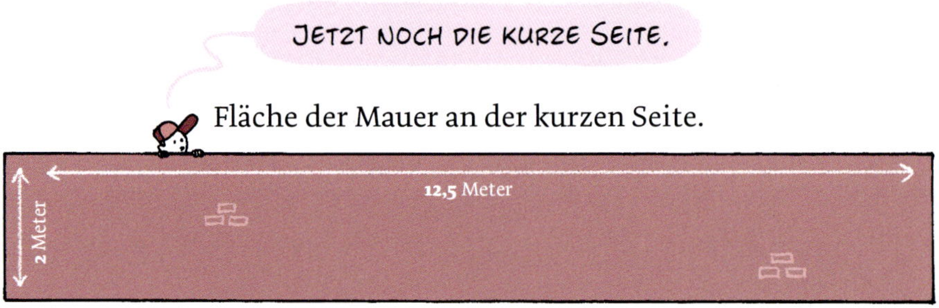

Fläche der Mauer an der kurzen Seite.

Länge × Höhe → **12,5** Meter × **2** Meter = **25** m^2.

UMFANG

Um den Umfang eines Platzes, eines Fußbodens oder anderer Rechtecke zu berechnen, addiert man die Länge der Seiten.

Umfang unseres Platzes

25 Meter + **12,5** Meter + **25** Meter + **12,5** Meter = **75** Meter

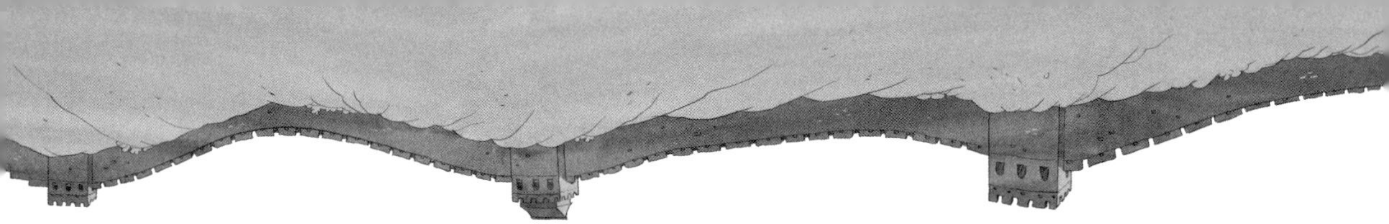

SPÄTER

PROJEKT VON JENS UND KUZEY

»Die Chinesische Mauer ist die längste Mauer der Welt. Sie ist 6000 Kilometer lang, und der Bau dauerte über 2000 Jahre. Insgesamt wiegt sie so viel wie 8 Millionen Elefanten, und wenn man heutzutage eine solche Mauer bauen wollte, würde das ungefähr 400 Milliarden Euro kosten.«

BITTERE AUBERGINEN

MIRELVAS FRAGE

Alle, wirklich alle, waren extrem unzufrieden, als Mama erzählte, was es zum Abendessen geben sollte.
Mirelvas zwei kleine Schwestern spielten im Flur, und sobald sie es hörten, bliesen sie so übertrieben Trübsal, dass ein grauer Nebel durch die ganze Wohnung zog. Na ja, nicht wirklich, aber Mirelva sah so etwas immer vor sich, dagegen konnte sie nichts machen.
Ihr großer Bruder, der auf dem Sofa lag und die Beine über die Seitenlehne baumeln ließ, rief: »Ma! Noooo! Das machst du nur, um uns zu ärgern!«
Und auch die beiden Zebrafinken im Käfig hinter dem Tisch, wo Mirelva saß, mischten sich ein:
»Wasslos?«
»Wasse essen.«
»Wer?«
»Na, die Menschen.«
»Was essen se denn?«
»Pökelfleisch.«
»Mögen Menschen doch?«
»Nur mit Bohnenbohnen …«
»Mit braunen Bohnen? Und Würstchenwürstchen?«
»Ja, ja.«
»Warum sind se dann sauer?«
»Sauer?«
»Sosauer.«
»Weils gibt eben keine Bohnen.«
»Wasn sonst?«

»Bittere Auberginen.«
»Ach, Auberginen.«
»Ja, Auberginen. Bittere.«
»Mannomann, Auberginen.«
»Ja, bittere.«
»Auberginenlawinen.«
»Yep.«

Mirelva musste lachen. Über die Zebrafinken, ihren schlaksigen Bruder und ihre kleinen Schwestern, die den Flur mit ihrer Trübsal vollbliesen.
Nur weil Mama afrikanische Auberginen kochte, bitteres Gemüse. Chiara nannte die immer »Rosenkohl aus Suriname«. Mama war ganz versessen darauf, und alle paar Wochen pfiff sie auf den Geschmack ihrer vier Kinder. Dann drehte sie die Musik auf und kochte singend Auberginen.
Auch jetzt schallte ein Liedchen durch die Küche. Ein alter Schlager aus Suriname.
Als je mij een vingertje wijst, dan zal ik je wat bewijzen.
Aber Mirelva war schon genauso versessen auf bittere Auberginen wie ihre Mutter. Das verstand niemand, ihr Bruder nicht, ihre Schwestern nicht, die Zebrafinken nicht.
Kein Problem, dachte Mirelva. Sie war oft anderer Meinung als alle um sie herum. Das war schon seit elf Jahren so, und Mama sagte, darauf könne sie stolz sein.
»Wenn alle in der langen Schlange stehen, nimmst du lieber den Schleichweg«, sagte sie dann. »Und rate mal, wer als Erster da ist?«

Ihre Zeichnung war fast fertig. Sie war bei Mathe fürs Leben an der Reihe, aber sie mochte Mathe nicht. Sie hatte Sprachen lieber. Und Rechtschreibung. Ja, sogar Grammatik. Deshalb hatte sie sich eine Matheaufgabe überlegt, die eigentlich eine Sprachaufgabe war.
Sie hatte den Geldschein, den Oma aus Suriname mitgebracht hatte, auf ein weißes Blatt Papier geklebt: den Zweieinhalbdollarschein. Und daneben hatte sie Fotos von Geld aus anderen Ländern geklebt.
Darunter schrieb sie jetzt in Schönschrift allerlei schöne fremde Namen. Dollar. Rubel. Yen. Kuna. Forint. Krone. Lew.
Hallo, schrieb sie an den Rand. *Ich weiß nicht, was für eine Matheaufgabe ich stellen soll. Aber all die Scheine sind wichtig für die Menschen in den Ländern, oder?*

»Yen«, piepste der eine Zebrafink.
»Yendiyen«, flötete der andere.
Mirelva hoffte, dass Frau Verbeek und Herr Sanders ihre Frage gut fanden, auch wenn es keine richtige Matheaufgabe war.

»*Als je mij een vingertje wijst*«, sang Mama noch mal. Ein herrlicher bittersüßer Geruch zog durch die Wohnung, und aus irgendeinem Grund war Mirelva auf einmal über alles froh. Über ihre Schwestern, ihren Bruder, ihre Mutter, ihre beste Freundin Chiara, ihre ganze Klasse, ihre eigene Seltsamkeit, den Tag, das Leben, die Sonne.

ATHEAUFGABE **12:**
mirelva

IRGENDWAS MIT GELD, MIT ALL DEN VER-SCHIEDENEN SCHEINEN, WEIL DIE SO SCHÖN IND (MANCHE).

LÖSUNGEN
auf S. **274**

1. Umrechnen

Angenommen ein Suriname-Dollar ist **20** Eurocent wert.
Rechne die folgenden Preise von Suriname-Dollar ($) in Euro (€) um.

Eis:

10 Suriname-Dollar = € …

T-Shirt:

75 Suriname-Dollar = € …

Zeitschrift:

13 Suriname-Dollar = € …

Ticket für Paramaribo Zoo:

25 Suriname-Dollar = € …

1 Kilo bittere Auberginen:

7 Suriname-Dollar = € …

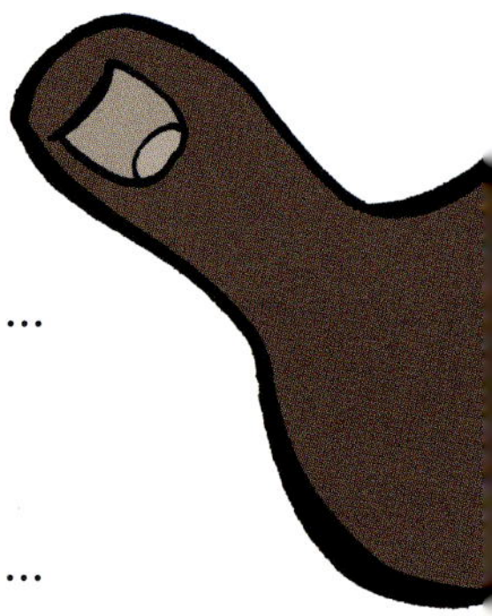

2. Passend zahlen (1)

In den meisten Ländern der EU zahlen wir mit dem Euro. Es gibt **5**, **10**, **20** und **50**-Cent-Münzen. Die **1**- und **2**-Cent-Euro-Münzen sind in mehreren Ländern schon abgeschafft.
Wie zahlt man die folgenden Beträge mit möglichst wenigen Münzen?

€ 0,35

€ 0,95

€ 1,85

€ 2,50

€ 2,95

3. Passend zahlen (2)

Suriname hat **1**-, **5**-, **10**- und **25**-Cent-Münzen und **1**- und **2,50**-Dollar-Münzen.
Wie bezahlt man die folgenden Beträge mit möglichst wenigen Münzen?

$ 0,35

$ 0,95

$ 1,85

$ 2,50

$ 2,95

4. Zählen

Schau dir zu Hause alle Euromünzen an, die du finden kannst. Aus welchen Ländern kommen sie?
Fülle die Tabelle aus und zeichne danach eine Grafik wie im Beispiel.

Niederlande	Deutschland	Belgien	Frankreich	Spanien	Italien	Übrige

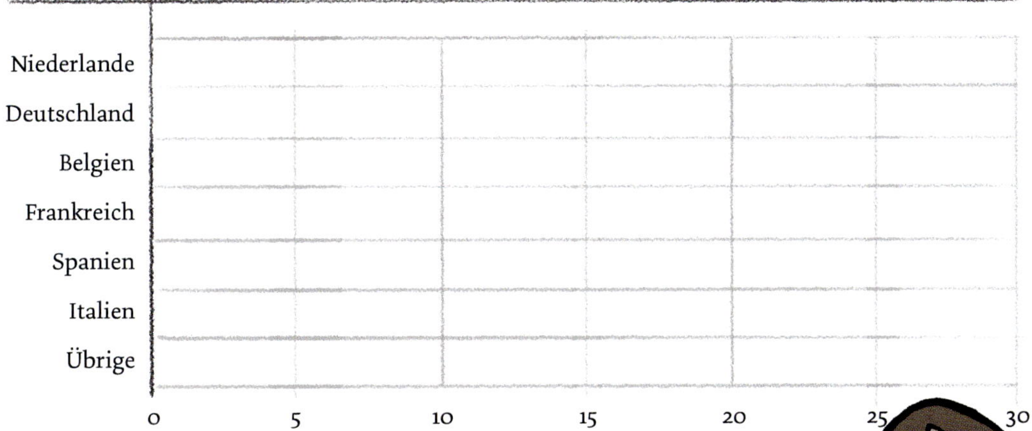

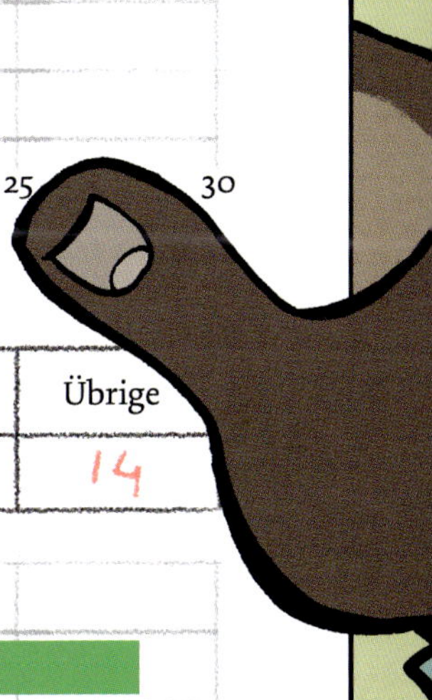

Beispiel:

Niederlande	Deutschland	Belgien	Frankreich	Spanien	Italien	Übrige
19	28	14	11	8	6	14

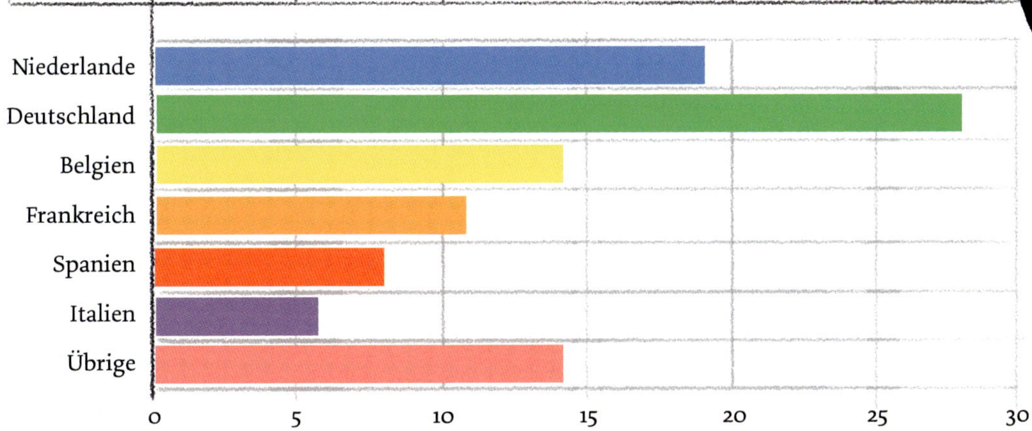

5. Geld ist schön

In Suriname gibt es außer den **1**-Dollar- und **2,5**-Dollar-Münzen auch Geldscheine von **1** und **2,5** Dollar. Kannst du dir vorstellen, warum das praktisch ist?

Das gelbe »Nötli« von 10 Schweizer Franken wurde zum schönsten Geldschein der Welt gekürt. Findest du ihn auch so schön?

Frau Verbeek findet, dass dieser Schein der schönste der Welt ist. Er kommt aus dem Kongo und hat Okapis darauf. Denk dir deinen schönsten Geldschein der Welt aus und mal ein Bild davon.

FRAU VERBEEK, SIE SIND SUPER!
DIE MATHESTUNDE IST EINE MALSTUNDE GEWORDEN!
SAGEN SIE, DASS DAS HIER EIGENTLICH DIE MATHEARBEIT WAR.
BITTE, FRAU VERBEEK!
BITTE!

SPÄTER

FRAU VERBEEK FINDET ETWAS IM INTERNET

»Dieser Geldschein sieht so aus, als wäre man damit auf einen Schlag Millionär. Leider ist er fast nichts wert, man kann ihn für einen Euro im Internet kaufen. Dieses Geld wird heute nicht mehr verwendet, aber früher einmal war es echtes Geld in Simbabwe.«

TIERE SIND DIE BESSEREN MENSCHEN

TESSAS FRAGE

Es war kalt, deshalb hatte Tessa sich an die Heizung gelegt. Hinter das Sofa, mit dem Rücken zum Heizkörper.
Papa guckte eine Fernsehsendung, in der bärtige Männer Autos umbauten.
Mama war oben, sie duschte oder nicht, schminkte sich oder nicht. Tessa hatte keine Ahnung.
Das hier war Tessas Denkplatz.
Keiner beachtete sie, und es war noch nicht Zeit fürs Abendessen. Bobbi, der allerliebste Dackel der Welt, hätte um diese Zeit eigentlich Gassi gehen müssen, aber er war so alt, dass Mama, Papa und Tessa vor ein paar Wochen beschlossen hatten, dass Bobbi nicht länger leben musste. Er war immer schneller lahm geworden. Er ließ seinen Hinterleib schleifen, und dann wurde es ein trauriger Tag und eine traurige Woche und ein trauriger Monat. Nein, Bobbi musste nie mehr Gassi gehen, deshalb lag Tessa jetzt auf ihrem Denkplatz und hatte Denkzeit.

Tessa wusste nicht, ob andere Kinder auch Denkstunden und Denkplätze hatten. Wenn sie sich in der Klasse umschaute, fand sie alle freundlich und nett.
Aber Tiere waren lieber.
Man konnte es vielleicht kindisch finden, so zu denken, aber Tessa wusste, dass sie recht hatte. Daran gab es einfach keinen Zweifel. Im Grunde wussten es alle: Tiere sind bessere Menschen als die Menschen selbst.
Ihre Liste wichtiger Tierarten war
1) Bobbi
2) Pferde und Ponys
3) Delfine
Auf Platz 4 standen Kälber und auf Platz 5 alle anderen Tiere. Ja, auch Schlangen und Haie, denn die beißen nur, weil es ihr Instinkt ist. Nicht, weil sie gemein sind.

Als Bobbi noch lebte, hatte Tessa viel weniger über Menschen und Tiere und die Unterschiede zwischen ihnen nachgedacht. Vielleicht kam das daher, dass Bobbi immer in ihrer Nähe sein wollte. Wenn Mama nichts merkte, schlief er nachts unter ihrem Bett, mit dem Kopf auf ihren Plüschpuschen. Er leckte ihr die Ohren. Einmal hatte er, als sie zusammen auf ihrem Denkplatz lagen, versucht, auf ihren Kopf zu klettern.
Aber seit er nicht mehr da war, hatte es mit den Gedanken angefangen. Es war, als ob Bobbi sie ihr von dort, wo er jetzt war, schickte.

Warum gibt es Tiere?, dachte Tessa jetzt beispielsweise.
Weil wir so lieb sind, antwortete Bobbi-der-jetzt-tot-war.
Stofftiere sind auch lieb, dachte Tessa.
Aber wir sind lebendig, sagte Bobbis Geist. *Wir atmen, wir laufen, wir spielen. Und weißt du, was so schön ist? Wenn man gut für uns sorgt, laufen wir niemals weg. Wir sind also auch treu. Ich war dir treu, Tessa. Selbst als der gruselige Tierarzt kam, wollte ich noch in deine Arme springen.*
Gleich muss ich weinen, dachte Tessa.
Ich lecke deine Tränen auf, sagte der unsichtbare Bobbi.

Danach gab es Abendessen, Mama rief. Tessa trocknete ihre Augen, ging in die Küche und setzte sich an den Tisch.
Sie aßen ganz dünnes Fleisch. »Was ist das für ein Fleisch?«, fragte Tessa.
»Lecker, was?«, sagte Mama. »Kalbsschnitzel.«

Nach dem Dessert ging Tessa nach oben und schaute YouTube. Das machte sie öfter. Süße Tierfilme anschauen. Ein Delfin, der einen Schwimmer rettete. Küken, die einen Stiefel als ihre Mama betrachteten. Hündchen, die noch lernen mussten, wie man eine Treppe runterlief.
Aber auf einmal gab sie in das Suchfenster nicht »süße Tiere«, sondern »gemeine Tiere« ein.
Lag das an den Gedanken, die sie an ihrem Denkplatz hinter dem Sofa gehabt hatte?
Vielleicht.
Lag es an Bobbi?
Vielleicht.
Jedenfalls sah sie als Erstes ein lustiges Video über einen Pinguin, der einen

anderen Pinguin in ein Eisloch schubste. Dann sah sie einen Hund, der mitten auf einem Fußballplatz einen Haufen machte.

Aber dann war da auf einmal ein Video von Meike, der YouTuberin, der Tessa schon lange folgte. Es hieß: »Darum bin ich Vegetarierin geworden.«

Meist erzählte Meike von ihrem Freund, oder sie machte lustige Tests und Stunts, aber dieses neue Video war ganz ernst. Sie erklärte, weshalb sie kein Fleisch mehr aß. Sie erzählte von viel zu kleinen Ställen und vom Schlachthof. Meike zeigte keine Fotos. »Die sind zu schlimm«, sagte sie.

Es waren gar keine Fotos nötig, denn Tessa bekam auch so einen Schreck. Der Schweiß trat ihr auf die Stirn, denn sie hatte mit einem Mal etwas begriffen. Etwas ganz, ganz Simples:

Sie hatte gerade ein Kälbchen gegessen!
Obwohl Kälbchen ihre viertliebsten Tiere waren!
Und wenn sie Schinken auf der Pizza bestellte, waren das Scheiben vom Schwein!
Und wenn sie Hackbällchen in ihrem Eintopf aß, war das eine zerkleinerte Kuh!
Räucherfleisch wird manchmal aus Pferden gemacht!
Würstchen sind ermordete Tiere!
Wer Fleisch aß, aß etwas Liebes auf.

Tessa rannte zur Toilette und übergab sich. Sie kniete vor der Kloschüssel, Tränen sprangen ihr in die Augen. Sie wischte sich den Mund mit Toilettenpapier sauber und spülte ihr Erbrochenes weg.
Sie fragte in die Luft: Bobbi?
Aber Bobbi-der-weg-war antwortete nicht.
Das hatte sie also ganz allein herausgefunden. Tiere waren bessere Menschen als die Menschen selbst. Und deshalb würde sie nie mehr im Leben einen Bissen von ihnen essen.

Tessa hörte ihre Mutter unten an der Treppe rufen. »Schatz?«, rief sie. »Ist bei dir alles okay? Hast du irgendwas?«
»Nee, alles gut, Mama!«, rief Tessa.
»Wirklich? Ich dachte, ich hätte dich gerade im Bad gehört.«
»Ich hab mir die Zähne geputzt!«, sagte Tessa. »Ich gehe heute früher schlafen, ich bin müde.«
»Was? Warum denn, Schatz?«, fragte Mama besorgt, und Tessa hörte sie die Treppe hochkommen.
Tessa lief schnell ins Bett und legte sich mit Kleidern unter die Decke. Sie konnte so gerade noch ihre Plüschpuschen packen und unter das Kissen stopfen. Bobbi, dachte sie, du musst mir dabei helfen, etwas sehr Wichtiges zu erklären. Jetzt und dann noch mal morgen in der Klasse.
Wuff, erklang es leise. Wuff!

MATHEAUFGABE **15**:

WIE VIELE KÄLBCHEN WERDEN HEUTE IN DEN NIEDERLANDEN GEBOREN?

Wenn es kleine Kühe sind, bekommen sie nach zwei Jahren selbst ihr erstes Kalb.

Dann werden sie Milchkühe.

Die meisten Kühe geben sehr viel Milch und werden etwa sechs Jahre alt.

Und wenn ein Kalb ein Stier ist?
Ein Teil der Stiere wird gebraucht, um neue Kälber zu züchten.
Und die übrigen?
Die äh …
… werden geschlachtet, und ihr Fleisch wird gegessen.
Wie alt sind sie, wenn sie geschlachtet werden?
In der Regel acht bis zwölf Monate.
Also, Herr Sander …

Hier kommt meine eigentliche Matheaufgabe:
Wie viele der 4500 Kälbchen feiern ihren ersten Geburtstag?
Google
»Kälber geschlachtet«
Äh … ja.
Ich lese gerade, dass auch ein Teil der Kühe geschlachtet wird, weil nicht alle für die Milchproduktion gebraucht werden.
Ungefähr eins von drei Kälbern erlebt den ersten Geburtstag.
Eins von drei von den 4500 Kälbchen …
Das sind 1500 Kälbchen.
Ja …
Und die anderen 3000 Kälbchen erleben ihn …
nicht.
Deshalb …

DESHALB WERDE ICH NIE MEHR TIERE ESSEN!
DAS HAB ICH BESCHLOSSEN!
ICH BIN AUCH VEGETARIER!
WIR ESSEN WENIGER FLEISCH, NUR ZWEIMAL PRO WOCHE ODER SO.
VEGE... WAS?
DANN ISST MAN KEIN FLEISCH.
ZÄHLEN HAMBURGER AUCH?
ICH LIEBE HAMBURGER!
ABER AUF ÖKOHÖFEN LÄUFT DAS DOCH ANDERS!
WIR ESSEN ZU HAUSE NUR BIOFLEISCH.
ICH ESSE KEIN SCHWEINEFLEISCH.
UND DIE ANDEREN TIERE WOHL?
ALSO, MEIN ONKEL BERT HAT EINEN BAUERNHOF, WO KÜHE, DIE ...
UND FISCH? ISST DU NOCH FISCH?

SPÄTER
BEI TESSA ZU HAUSE

EEEECHT JEEEETZT?

BENTHES FRAGE

Benthe radelte hinterher. Papa und ihr großer Bruder Rob fuhren ein paar Meter vor ihr.
»Komm«, hatten sie gesagt. »Wir spielen Minigolf.« Das wollten sie immer, wenn der Frühling kam. Ab April war der Minigolfplatz geöffnet, und Papa und Rob standen beide auf der Rangliste des Vereins.
Benthe fand Minigolf ganz cool, aber auch nicht supercool. Mit dem Rad hinzufahren, fand sie okay, aber nicht superokay. Und ihr Vater und ihr Bruder waren lieb – aber nicht superlieb.
Die Fahrräder der beiden waren größer als ihres. Ihre Stimmen waren lauter als ihre. Und sorry, aber ihre Hintern waren breiter als ihrer. Darüber musste Benthe jetzt mal kichern, aber na ja, sie sah es eben die ganze Zeit.

Pff. Minigolf. Dazu würde Mimilou sagen: »Eeeecht jeeeetzt?« Mit ganz vielen e.
Benthe war süchtig nach Mimilou. Ja, auch nach Marvin Bunder, den Zapp-Zwillingen und Sissy MacSissymac, aber am meisten nach Mimilou. Jeden Tag kam auf YouTube eine neue Folge von *Der wahnwitzige Alltag von Mimilou* raus. Jeden Tag ein neues Video, wirklich. Sie erlebte aber auch so viel! Manchmal überfiel sie jemanden auf der Straße (dann sagte sie, sie sei von der Sonnenbrillenpolizei, ganz schön frech, aber am Ende bot sie ihrem Opfer immer Kinokarten oder irgendwas anderes Schönes an). Manchmal besprach sie ein Buch (das fand Benthe ein bisschen langweilig), aber meistens redete Mimilou darüber, *wie ein Mädchen eine Königin wird.*
Papa und Robin hielten nicht viel von Mimilou. »Immer dieses Internet«, sagte Papa. »Du musst selbst was erleben, du musst selber raus!« Und Robin sagte, er fände Mimilou hässlich. Aber er trug eine dicke Brille, und wenn Mimilou ihn hören könnte, würde sie ihre Sonnenbrille auf die Nasenspitze schieben und sagen, was sie immer sagte: »Eeeecht jeeeetzt?«

Wie ein Mädchen eine Königin wird war einfach toll. Es handelte davon, weshalb Mädchen genauso wichtig sind wie Jungs. Weshalb Frauenfußball genauso cool ist wie Männerfußball. Dass weibliche Filmstars in Hollywood viel weniger Gage bekommen als männliche Darsteller. Und wie unmöglich das ist. Das waren ernste Themen, aber wenn Mimilou darüber sprach, war es witzig. Obwohl es stimmte. »Girls«, sagte Mimilou immer, »wir lackieren uns nach ganz oben!«

Minigolf. Pff. Als sie am Platz ankamen, brauchten Papa und Rob eine geschlagene Stunde, bis sie sich für den richtigen Schläger entschieden hatten.
Benthe wollte weder YouTuberin noch Sängerin oder Tänzerin werden – auch wenn sie das in der 2. Klasse immer in die Freundebücher geschrieben hatte. Nein, ihr Gesicht brauchte nicht berühmt zu sein. Aber eine Königin wollte sie natürlich trotzdem gern werden. Damit meinte Mimilou keine echte Königin, sondern ein Mädchen, das tut, wozu sie Lust hat, und gut darin ist. Eine, die klug und gelassen ihr Ziel erreicht. »Girls«, sagte Mimilou, »klug und gelassen, das sind wir.«

Die Punkte auszurechnen, war noch das Beste am Minigolf. Das wollte Benthe jedes Mal machen. Sie fand es witzig, dass derjenige mit dem niedrigsten Punktestand gewann. Sie notierte auf dem Zettel nicht nur die Punkte pro Bahn, sondern auch – daneben – die Summe der Punkte. So konnte man auf einen Blick sehen, wer gerade führte.

Jetzt waren sie schon bei der kleinen Mühle, die lag fast am Ende. Die Flügel der Mühle drehten sich die ganze Zeit, man musste also aufpassen, dass sie den Ball nicht wegschlugen.
Papa schaffte 3 Punkte, Rob 5 und Benthe 4.
Das fand Rob gar nicht gut. Als Benthe fertig war, gab er ihr murrend das Klemmbrett mit dem Ergebnis zurück. Tja, und da sah Benthe es auf einen Blick: Er hatte sich verrechnet. Deshalb sagte sie: »Eeeeecht jeeeetzt?«
Auch das fand Rob, der ganz schön mürrisch war, weil er hinter ihr lag, gar nicht gut. »Hör mal auf mit dieser dämlichen Mimilou!«, sagte er.
»Aber du hast 34 Punkte, nicht 32«, sagte Benthe.
Da wandte Rob sich halb von ihr ab, streckte den Hintern raus und stieß so fest gegen sie, dass sie mindestens zwei Meter weit flog.
»Rob!«, rief Papa.
»Die nervt!«, sagte Rob.
»Ro-hob!«, sagte Papa. »Entschuldige dich.«
»Hmmpfff«, machte Rob und sagte aus dem Mundwinkel so übertrieben, wie es ging: »'tschuldigung, Miss Mathematik.«
»Mensch, Rob«, sagte Papa jetzt.
Aber Benthe dachte: Wir lackieren uns nach ganz oben. Und deshalb sagte sie, klug und gelassen: »Miss Mathematik? Hm. Das ist die beste Idee, die du in den letzten sieben Jahren gehabt hast.«

MATHEAUFGABE **16**: Benthe

KANN MAN MIT MATHE BERÜHMT WERDEN, UND GIBT ES MATHEKÖNIGINNEN?

Einer der berühmtesten Rechenkünstler aller Zeiten war der Amsterdamer Wim Klein. Er nannte sich Willie Wortel. Wortel ist nämlich das niederländische Wort für Wurzel, und Willie Wortel ist der niederländische Name für Daniel Düsentrieb.
Willie Wortel trat auf der ganzen Welt mit seinen Rechentricks auf.

Wenn man ihm ein Geburtsdatum nannte, konnte er blitzschnell ausrechnen, was für ein Wochentag das gewesen war.
Der 4. Dezember 1912?
Na klar, ein Mittwoch.
Einmal musste er bei einem Rechenauftritt laut lachen, als ihm die Aufgabe **28** × **37** × **52** gestellt wurde, denn er sah sofort, dass die Antwort **53.872** lautete. Und das fand er lustig, weil das Ergebnis aus denselben Ziffern bestand wie die Aufgabe, nur in einer anderen Reihenfolge.
Wim Klein arbeitete auch bei einem großen Institut, wo Hunderte Menschen auf der Suche nach den allerkleinsten Teilchen waren, aus denen alles besteht. Wenn es dort etwas auszurechnen gab, wurde Klein angerufen, der an einem Schreibtisch mit einem Telefon bereit saß.

Dann fing er schnell an zu rechnen und fluchte dabei in vier Sprachen. Je schwieriger die Aufgabe war, desto mehr schimpfte er.
Aber danach hatte er die Lösung schneller als der schnellste Computer zu jener Zeit.
Als es schnellere Computer gab, verlegte Klein sich ganz aufs Showrechnen. Er schaffte es mehrmals ins Guinnessbuch der Rekorde.

1981 berechnete er zum Beispiel innerhalb von eineinhalb Minuten die dreizehnte Wurzel aus dieser Zahl:

**88008443440489299575219015772236417859411720052615
65487280650870412023307854274990144578442271602817**

FRAU VERBEEK, WAS IST DIE DREIZEHNTE WURZEL?

MÜSSEN WIR DAS AUCH WISSEN?

Das bedeutet, dass es eine Zahl gibt, die, wenn man sie dreizehn Mal mit sich selbst multipliziert, diese enorme Zahl ergibt.

UND NEIN, DAS BRAUCHT IHR NICHT ZU WISSEN.

UND IHR BRAUCHT NICHT MAL IN EINEINHALB MINUTEN NACHRECHNEN ZU KÖNNEN, DASS DIE RICHTIGE ANTWORT 48.757.377 LAUTET.

Viele der reichsten Menschen der Welt haben ihr Geld mithilfe von Computern verdient. Bill Gates von Microsoft, Mark Zuckerberg von Facebook, Jeff Bezos von Amazon.

Mit Rechenkünsten sind sie Milliardäre geworden.

SPÄTER

EHRENGALERIE: FÜNF RECHENKÖNIGINNEN

SOPHIE GERMAIN (1776-1831)

Früher war es nicht vorgesehen, dass Mädchen Mathematik studierten – nur Jungen durften die Universität besuchen. Doch Sophie Germain las heimlich aus der Bibliothek ihres Vaters ein Buch über die Geschichte der Mathematik und war davon so fasziniert, dass sie sich eine List überlegte. Sie fand heraus, dass ein gewisser Auguste Le Blanc sein Mathematikstudium abgebrochen hatte, und besorgte sich seine Bücher und Aufgaben. Sie reichte die Hausaufgaben unter seinem Namen ein. Der Professor war von ihrer Arbeit so beeindruckt, dass er »Herrn Auguste Le Blanc« persönlich kennenlernen wollte. Da musste Sophie zugeben, dass sie eine Frau war. Sie führte schließlich jahrelang mathematische Beweise, und es wurden Straßen, Schulen und sogar Zahlen nach ihr benannt.

RECHNEN ODER MATHEMATIK?

Was ist der Unterschied?

Beim Rechnen geht es um Aufgaben – darum, die richtige Lösung zu finden. In der Mathematik geht es mehr um Erkenntnisse – um die Art und Weise, wie man die Lösung finden kann.

Aber vor der Mathematik muss man auf jeden Fall Rechnen lernen. Also eigentlich ist Rechnen **googolplexwichtig.**

ADA LOVELACE (1815-1852)

Noch ehe irgendjemand den ersten Computer gebaut hatte, überlegte Ada Lovelace, was man mit so einem Apparat einmal alles machen könnte. Auf diese Weise erfand sie die allerersten Computerprogramme. Außerdem sah sie voraus, dass ein Computer ganz viele verschiedene Sachen können würde, während die meisten Männer ihrer Zeit vor allem über gigantische Berechnungen fantasierten. Ada Lovelace prognostizierte zum Beispiel, dass ein Computer auch Lieder schreiben und Bilder erstellen könnte. Sie erkannte, dass man mit Zahlen Bilder, Musiknoten und Worte beschreiben konnte. Wenn man mit den Zahlen gut rechnen könnte, wäre es daher auch möglich, Musik oder Bilder oder Geschichten zu erstellen. Jedes Jahr am zweiten Dienstag im Oktober wird der Ada-Lovelace-Tag gefeiert, um ihrer zu gedenken.

FLORENCE NIGHTINGALE (1820-1910)

Florence Nightingale wurde berühmt, weil sie als Pflegerin Soldaten auf dem Schlachtfeld behandelte. Aber mit ihren Rechenkünsten rettete sie noch viel mehr Leben. Sie hielt nämlich ganz genau fest, woran die Soldaten starben. Die meisten kostete nicht der Krieg selbst das Leben, sondern Krankheiten, die eigentlich heilbar waren. Auf dem Schlachtfeld fehlte es jedoch an den richtigen Medikamenten, und die hygienischen Verhältnisse in den Lazaretten waren haarsträubend. Nightingale erforschte die verschiedenen Todesursachen der Soldaten und hielt sie in farbigen Diagrammen fest. So überzeugte sie die Regierung, Maßnahmen zu ergreifen. Danach überlebten viel mehr Soldaten den Kampf – manche Historiker meinen sogar, dass die Sterblichkeit von 42 auf 2 Prozent sank. Nightingale gilt als die erste Pflegewissenschaftlerin und wurde 1859 als einzige Frau in die exklusive Statistical Society of London aufgenommen, in der sich die Gelehrten versammelten.

MARGARET HAMILTON (1936)

1969 betraten die Menschen zum ersten Mal den Mond. Sie gelangten mit der Apollo 11 dorthin, und die Computerwissenschaftlerin Margaret Hamilton führte das Team von Wissenschaftlern an, die den Code dafür schrieben. Ihr Computerprogramm sorgte dafür, dass das Raumschiff mit den Astronauten ordentlich auf dem Mond landete – und sicher wieder zurückkehrte. Hinterher berichtete Hamilton, dass das Erstellen des Codes mindestens so spannend gewesen sei wie der Flug selbst: »Wir wussten, dass es keine zweite Chance gab. Es war ein großes Abenteuer, Lösungen und neue Ideen zu finden.« Zusammen mit der Astronomin Nancy Grace Roman und den Astronautinnen Sally Ride und Mae Jemison gehört Margaret Hamilton zu den vier Minifiguren in dem LEGO-Set *NASA-Frauen*. (Die NASA ist die Raumfahrtbehörde der USA.)

MARYAM MIRZAKHANI (1977-2017)

Als junges Mädchen wollte die Iranerin Maryam Mirzakhani Schriftstellerin werden, obwohl sie sehr gut in Mathematik war. Ihr Bruder ermunterte sie, bei der Internationalen Mathematik-Olympiade mitzumachen – ein Schülerwettbewerb mit extrem schwierigen Aufgaben. Mirzakhani gewann eine Goldmedaille. Danach entschied sie sich für Mathematik und berechnete komplizierte Probleme von Mustern – beispielsweise die Frage, ob eine Billardkugel jeden Fleck eines Billardtisches berühren kann (aber das Ganze in einer Version mit unendlich vielen Billardtischen, die außerdem die Form verändern). 2014 gewann sie als allererste Frau die Fields-Medaille, den bedeutendsten Preis für Mathematiker. Sie hoffte, damit Mädchen zu ermutigen, auch Rechenkönigin zu werden. Leider ist sie sehr jung an Brustkrebs gestorben. Zum Gedenken an Maryam Mirzakhani ist der 12. Mai, ihr Geburtstag, der Internationale Tag der Frau in der Mathematik.

HUCH?!

FABIOS FRAGE

Fabio fand alles ganz in Ordnung. Er erledigte seine Aufgaben in Rechtschreibung, in Erdkunde und Programmieren. Er quatschte mit allen Grüppchen, die mit ihm quatschen wollten, und ganz selten spielte er in der Pause sogar mit den anderen Fußball, wenn sie unbedingt wollten. Er aß Tomatenbrote. Er lachte. Er atmete. Er tat, was Frau Verbeek sagte, er tat, was seine Eltern sagten, er tat, was alle taten, aber ...
Aber die Welt war natürlich schon ein bisschen langweilig.
Die Welt war langweilig, weil alles so echt war. So fürchterlich aus Holz und Papier und Worten und Pflichten und Zahlen.
Rechenaufgaben? Die mit dem Leben zu tun hatten? Fabio fand es okay, aber im Grunde ging es natürlich um das scheinbar Unmögliche.

So hatte er es in einem Artikel gelesen: »Zauberei ist die Kunst des scheinbar Unmöglichen.« Das Zitat hatte Fabio gefunden, als er in der dritten Klasse ein Referat über Zauberei gehalten hatte, und seitdem hatte er es im Kopf: Er war Fan des scheinbar Unmöglichen.
Er liebte Sachen, die unmöglich schienen, es aber gar nicht waren. Was wirklich herrlich war: wenn man einen Trick vorführte und die Zuschauer »Huch!?« riefen. Fabio war immer auf der Jagd nach diesem Huch.

Als er neun war, begann er, das Zaubern zu googeln, und lernte fix immer mehr Tricks. Am liebsten wollte er Tischzauberer werden – mit dem Publikum ganz nah bei sich. Mit dem allerersten Trick, den er aus dem Internet gelernt hatte, fing es an. Dabei ließ er ein Geldstück aus den Fäusten verschwinden, und obwohl sich jeder die Erklärung einfach auf YouTube anschauen konnte (es hatte mit Ablenkung zu tun und damit, dass man das Geldstück mit den Nägeln festhielt, nicht mit den Fingern), sagten alle: »Huch!« Auch Frau Verbeek. Auch Opa Holland und Opa Italien.
Fabio hatte einen scheinbar unmöglichen Plan für sein Leben. Er wollte der siebte niederländische Weltmeister werden. Das letzte Mal hatte jemand den großen Preis im Jahr 2000 gewonnen! Und wenn das nicht klappte, wollte er

F
A
B
I
O

wenigstens die Nummer eins in Tischzauberei werden. Das war natürlich nicht zu schaffen. Man musste unglaublich gut sein. Man musste üben, üben, üben. Man musste Tricks kaufen, vielleicht sogar selbst erfinden. Man musste Mitglied im Magischen Zirkel werden (na ja, das war Fabio schon). Es war ein unmöglicher Plan, aber ganz vielleicht war es ja nur ein scheinbar unmöglicher Plan.

Bis es so weit war, tat Fabio so, als wäre er ein ganz normaler Schüler. Er las, wenn sie still lesen sollten, er bastelte im Kunstunterricht, er redete, und er atmete. Und jetzt war er mit der Matheaufgabe dran, also stellte er seine Matheaufgabe.
Aber er machte es auf seine Weise.
Vorab hatte er Herrn Sanders gebeten, einige Geldscheine mitzubringen. 5-, 10- und 20-Euro-Scheine. Herr Sanders holte ungefähr zehn Scheine aus seiner Brieftasche.
»Herr Sanders«, sagte Fabio. »Das sind doch Ihre Geldscheine, oder? Ich habe nichts damit gemacht, oder? Legen Sie sie nun mit der großen Zahl nach oben auf den Tisch.«
Herr Sanders gehorchte.
»Vielen Dank«, sagte Fabio. »Würden Sie die Scheine jetzt mal bitte mischen?«
Wieder gehorchte Herr Sanders.
»Okay, Herr Sanders. Jetzt flüstere ich Ihnen etwas ins Ohr.«
Fabio ging zu Herrn Sanders. Der beugte sich vor, und Fabio flüsterte ihm »5466« ins Ohr. »5466.« Und noch mal: »5466.«
Danach bat Fabio Chiara, die in der ersten Reihe saß, nach vorn zu kommen und die Geldscheine zu zählen. »Nicht das Geld zählen«, sagte Fabio. »Sondern einfach die Scheine einen nach dem anderen ablegen und nachzählen, wie viele es sind.«
Fabio hatte eigentlich Mano bitten wollen, aber der war krank. Na ja, Chiara war auch gut.
Sie kam nach vorn, nahm die Scheine und legte sie übertrieben deutlich auf das Lehrerpult. »Eins, zwei, drei, vier, fünf, sechs, sieben, acht, neun, zehn.«
»Gut«, sagte Fabio. »Jetzt nenn mal eine Zahl unter zehn.«
»Wieso?«, fragte Chiara.
»Mach einfach«, sagte Fabio.
»Äh ... sechs«, sagte Chiara.
»Okay«, sagte Fabio. »Haben wir das vorher abgesprochen?«

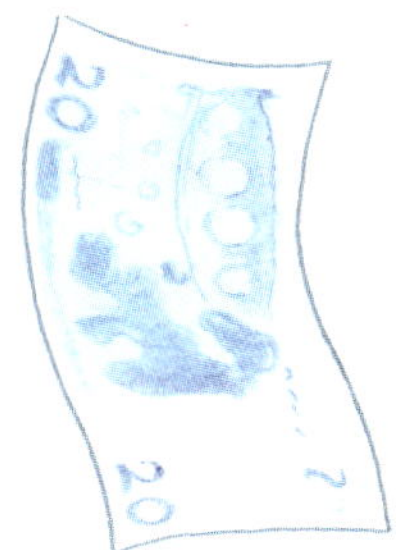

»Ganz sicher nicht«, sagte Chiara.

»Kannst du dann bitte noch mal die Scheine zählen und aufs Pult legen, aber diesmal beim sechsten Schein aufhören?«

»Okay.« Chiara zählte die Scheine auf das Pult: »Eins, zwei, drei, vier, fünf, sechs.«

»STOPP!«, rief Fabio. »Jetzt leg deine Hand obendrauf! Gut festhalten.«

»Yes!«, sagte Chiara. Sie schlug mit der Hand auf die sechs Geldscheine.

»Wir haben hier noch vier, aber die sind nicht mehr wichtig«, sagte Fabio. »Hier, Herr Sanders, die kriegen Sie schon mal zurück. Der Rest kommt bald. Gut. Wir wiederholen noch mal, was wir gemacht haben. Herr Sanders, ich hab Ihnen was ins Ohr geflüstert und Sie gebeten, die Scheine zu mischen, stimmt's?«

»Ja«, sagte Herr Sanders.

»Gut«, sagte Fabio wieder. »Und Chiara hält ihre Hand noch immer auf den sechsten Geldschein. Geldscheine haben die Besonderheit, dass nicht nur die Zahl draufsteht, die den Wert des Scheins bestimmt, sondern außerdem eine Seriennummer. Das ist eine ganz lange Zahl, auf jedem Geldschein eine andere.«

Fabio sah Chiara an.

»Ja, ja, ja«, sagte Chiara.

»Du hast also selbst entschieden, wie viele Scheine auf dem Stapel liegen sollen.«

»Jahaaaaa«, sagte sie. »Nun mach schon!«

»Okay«, sagte Fabio. »Welche Zahl habe ich Ihnen ins Ohr geflüstert, Herr Sanders?«

»5466«, sagte Herr Sanders.

»Chiara«, sagte Fabio, »nimm jetzt bitte die Hand vom Stapel und lies die letzten vier Ziffern der Seriennummer des obersten Geldscheins vor.«

»Äh …«, sagte Chiara. »Wow … 5466.«

Und ja, da sagten Herr Sanders und Chiara und die ganze Klasse gleichzeitig: »Huch?!«

MATHEAUFGABE 17: FABIO

KANN MATHE MIR DABEI HELFEN, EIN BESSERER MAGIER ZU WERDEN?

GUT, JETZT BRAUCHE ICH EINEN FREIWILLIGEN, DER AN DER TAFEL RECHNET.
FABIO! SCHREIB AUF:
782
UND DARUNTER GENAU DIE UMGEKEHRTE ZAHL: 287. UND JETZT ZIEHST DU DIE EINE ZAHL VON DER ANDEREN AB.
782
287 -
495
JETZT DIE LÖSUNG UMDREHEN.
782
287 -
495
594
DANN DIE LÖSUNG UND DIE UMGEDREHTE ZAHL ADDIEREN.
782
287 -
495
594 +
1089
WIRD DAS NOCH WAS, FABIO?
UND JETZT SCHLAG IN DEINEM MATHEBUCH SEITE 108 AUF UND LIES DAS NEUNTE WORT VOR.

DA STEHT DAS WORT …
»genial«
PERFEKT! UND SIEHST DU ES AUCH SO, DASS DIE ZAHLEN GANZ GERECHT AUSGESUCHT WURDEN?
JAJAJAJAJA
TESSA, ÖFFNE MAL DIE PAPIERROLLE UND ZEIG, WAS AUF DEM BLATT STEHT!
HUCH?!
GENIAL
WENN IHR VERSPRECHT, DEN TRICK NIEMANDEM ZU VERRATEN …
ERKLÄRE ICH IHN EUCH.
Zu Beginn lasst ihr das Publikum drei verschiedene Ziffern aussuchen, aus denen ihr eine Zahl bildet.

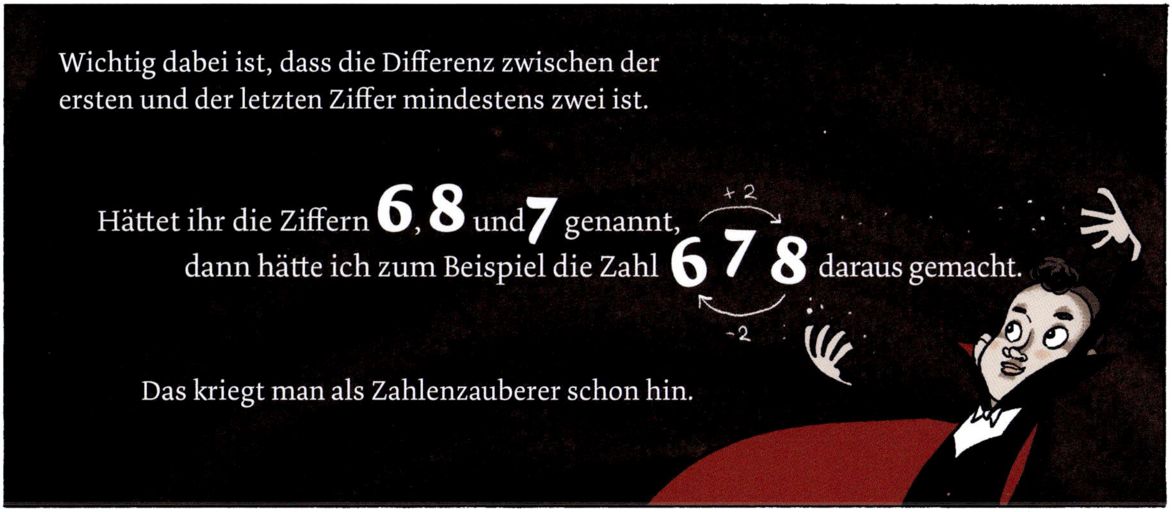
Wichtig dabei ist, dass die Differenz zwischen der ersten und der letzten Ziffer mindestens zwei ist.
Hättet ihr die Ziffern 6, 8 und 7 genannt, dann hätte ich zum Beispiel die Zahl 6 7 8 daraus gemacht.
+2
-2
Das kriegt man als Zahlenzauberer schon hin.

Dann dreht man die Zahl um
876
und zieht die kleinere von der größeren ab, wie wir das auch gemacht haben.
876
678

Bei der Lösung ist die mittlere Zahl immer eine 9, und die erste und letzte Zahl ergeben zusammen auch 9.
198
+
Immer.
Probiert es aus.

876 - 678 = 198 (und 1 + 8 = 9)
782 - 287 = 495 (und 4 + 5 = 9)
961 - 169 = 792 (und 7 + 2 = 9)
1089
IM LETZTEN SCHRITT DREHT MAN DAS ERGEBNIS UM UND ADDIERT DIE BEIDEN ZAHLEN.
UND DABEI KOMMT IMMER 1089. IMMER.
198 + 891 = 1089
495 + 594 = 1089
792 + 297 = 1089
GENIAL
UND VORHER GUCKT MAN NATÜRLICH NACH, WAS DAS NEUNTE WORT AUF SEITE 108 IST, UND SCHREIBT ES AUF EIN BLATT.
ZAUBERTRICK GELUNGEN!

SPÄTER

HERR SANDERS AN DER DIGITALEN TAFEL

»1089 ist sowieso eine großartige Zahl. Ich bin Fan von der 1089! Guckt mal!

»Ach, und jetzt weiß ich auch, wie der Trick von Fabio geht, der mit den Geldscheinen und der Seriennummer. Ich hab die Lösung auf YouTube gefunden!«

COOKIE-EIS
AHMEDS FRAGE

»Ahmed, du wohnst doch in dem grünen Hochhaus, oder?«, fragte Nille.
Das war aus sieben Gründen komisch.

Erstens war das Haus nicht grün, es hieß nur Grünring, und das war etwas ganz anderes.
Zweitens redeten die Mädchen sonst nie mit ihm.
Drittens, warum dann jetzt gleich fünf? Nille, Chiara, Diede und Roos & Romée standen nach der Schule auf einmal neben ihm im Fahrradraum.
Viertens hatte er neulich einen Screenshot von einem Instagram-Foto von Nille gemacht, auf dem sie eine Tüte Marshmallows in der Hand hatte, sie liebte nämlich Marshmallows, und auf dem Foto lachte sie so süß.
Fünftens fragte ihn jetzt ausgerechnet Nille, wo er wohnte.
Sechstens: Nille!
Siebtens: Nille!

»Ja-ja«, sagte Ahmed. Er versuchte, Nille nicht direkt anzusehen, weil er immer so schnell rot wurde, und sein großer Bruder Firas sagte immer: »Ein roter Marokkaner, wie sieht das aus!«
»Wir fragen«, sagte Chiara dann, »weil Mano da auch wohnt, glaub ich.«
»Ja«, sagte Roos mit ihrer leisen Stimme. »Und du bist doch mit Mano befreundet, oder?«
Okay. Sie waren also wegen Mano zu ihm gekommen.
»J-ja«, sagte Ahmed. Oje, er stotterte die ganze Zeit. Aber das lag daran, dass er sieben Dinge gleichzeitig dachte.

Erstens: Sie interessieren sich also gar nicht für mich.
Zweitens: Auch Nille nicht.
Drittens: War er überhaupt mit Mano befreundet?

Viertens: Mano war mit jedem befreundet. Er hatte Ahmed bei dem Problem mit Roos und Romée um Hilfe gebeten, und dann hatten sie das Ganze auf dem Platz bei den Kinderrutschen hinter dem Haus sogar geprobt. Aber Mano verabredete sich nach der Schule nicht mit ihm, er sah Mano nie auf der Skatebahn und auch nicht am Hafenplatz ein Stück weiter, wo Firas mit seiner Eisbude stand.
Fünftens: Mano wohnte zwar im selben Haus wie er, aber wo genau? Irgendwo oben, ja, und Ahmed wohnte unten, aber sie hatten einander noch nie besucht.
Sechstens: Mano mochte doch gern Eis. Warum hatte er ihn eigentlich noch nie mit zu Firas genommen? »Für Freunde umsonst«, sagte sein Bruder immer.
Siebtens: Ob Nille wohl gern Eis mochte?

»Wir machen uns irgendwie Sorgen«, sagte Romée.
»Ja«, sagte Roos.
»Ja«, sagte Diede.
»Weil er jetzt schon seit neun Tagen krank ist«, sagte Chiara. »Und Mano ist sonst nie krank. Frau Verbeek hat gesagt, dass er erkältet ist und dass es noch eine Weile dauert. Aber so lange dauert doch keine Erkältung! Ob es irgendwas Schlimmeres ist?«
»Das fragen wir uns«, sagte Roos.
»Wir wollten ihm schreiben, aber er hat kein Handy«, sagte Romée. »Und wenn wir alle zu ihm nach Hause gehen würden, wär das irgendwie komisch. Vielleicht wird seine Mutter sauer, wenn wir vor der Tür stehen. Oder sein Vater. Wir wissen nicht so genau, wie das ist bei ...«

Bei Marokkanern, dachte Ahmed.
»Darum dachten wir«, sagte Nille jetzt, und sie kam einen Schritt näher. »Du könntest das vielleicht rausfinden. Weil ihr doch befreundet seid. Und weil du auch in dem grünen Haus wohnst.«
Und obwohl Ahmed immer noch sieben Sachen gleichzeitig dachte (1.: Es heißt nicht grünes Haus, 2.: Mano und ich sind nicht befreundet, 3.: Eine Erkältung dauert doch immer neun Tage, 4.: Sie finden ihn gut, nicht mich, 5.: Nille also auch, 6.: Aber sie hat süß geguckt, und sie ist auf einmal so nah!, 7.: Nicht rot werden, NICHT ROT W...), sagte er: »O-okay.«

Eine halbe Stunde später stand Ahmed an der Eisbude seines Bruders. Firas wusste immer Rat, er war schon siebzehn. Es war noch ein bisschen zu kalt für Eis, keine Kundschaft, sie konnten reden.
Nachdem Ahmed erzählt hatte, was die Mädchen von ihm wollten, holte Firas erst mal seinen Eisportionierer hervor. Er nahm einen Becher und schaufelte drei Kugeln Cookie-Eis hinein, Ahmeds Lieblingssorte. Er winkte Ahmed zu dem wackligen Plastiktisch neben der Bude, schenkte sich einen Kaffee ein, der so pechschwarz glänzte wie das Display eines reglosen Handys, und setzte sich. Ahmed sah seinen Bruder gespannt an.
»Erstens«, sagte Firas, »machen die Mädchen sich, wenn ich es richtig verstehe, Sorgen, aber nicht wegen dir. Zweitens: Der, wegen dem sie sich Sorgen machen, ist Mano. Drittens: Ihr seid halb befreundet. Viertens: Die Mädchen sind nicht deine Freundinnen. Fünftens: Es sei denn, du interessierst dich für eins von den Girls, du weißt schon: Liebeliebe. Aber dafür bist du noch viel zu jung und zu schüchtern, das können wir also ausschließen.«
»Firas ...«, setzte Ahmed an.
»*Eywa*«, sagte Firas. »Wo war ich stehen geblieben? Sechstens: Du sollst für sie also einfach den Spion spielen, den Geheimagenten, Mocro James Bond! Und siebtens: Was willst du selbst?«
Ahmeds Eis war alle. Er fragte sich, ob Firas' Rat ihm diesmal viel nützen würde. Denn ja, was wollte er selbst? Und konnte er seinem Bruder von Nille erzählen? In diesem Moment kam Kundschaft. Firas konnte nicht weiterreden. Das war schade, denn Ahmed wollte ihn eigentlich noch nach einer Aufgabe für Mathe fürs Leben fragen, er war nämlich an der Reihe und hatte keine Idee.
»Ey!«, rief Firas zwischen zwei Bestellungen. »Kannst du Brot im Supermarkt holen? Und Milch. Für Mama, du weißt schon.«

Ahmed lief zum Supermarkt. Er hatte unten im Haus bei den Klingeln den Namen von Manos Familie gefunden, er konnte also einfach klingeln und fragen, wie es ihm ging.
Ahmed wusste immer noch nicht, ob er das wollte. Er hatte gedacht, dass Mano, nachdem Ahmed ihm mit Roos & Romée geholfen hatte, vielleicht mehr mit ihm machen wollte, aber eigentlich hing er in der Schule mehr mit Sven zusammen. Oder mit Fedor. Oder mit der ganzen Mädchentruppe. Mano war mit allen befreundet. Oder mit niemandem, so konnte man es auch sehen.
Nein, wenn Mano ihn zu sich hätte einladen wollen, dann hätte er das längst getan. Ahmed wollte jetzt nicht plötzlich einen auf Spion machen.
Da dachte er wieder an Nille. Liebeliebe, hatte Firas gesagt. Was sich ziemlich albern anhörte. Trotzdem: Die Vorstellung, Nille käme ihm noch mal so nah. Und würde ihn noch mal so anlachen.
Ahmed stellte sich an einer Kasse an.
Es dauerte lange, bis er an der Reihe war. Warum entschied er sich immer für die verkehrte Schlange? Gab es einen Trick, mit dem man in der schnellsten Schlange landete? Oh, war das eine Matheaufgabe? Konnte er die vielleicht …?
Da sah er Mano.
Er kam mit seinen zwei kleinen Schwestern in den Laden.
Sie kicherten.
Und Ahmed dachte wieder sieben Sachen gleichzeitig.
Erstens: Mano sieht überhaupt nicht so aus, als hätte er eine Erkältung.
Zweitens: Auch nicht die Masern oder die Beulenpest.
Drittens: Wenn Mano so fröhlich mit seinen Schwestern durch den Supermarkt stromerte, warum konnte er dann nicht zur Schule kommen?
Viertens: Was war hier los?
Fünftens: Das konnte er nicht den Mädchen erzählen.
Sechstens: Aber Nille vielleicht schon?
Siebtens: Mocro James Bond!

MATHEAUFGABE **18**: ahmed

WARUM ENTSCHEIDE ICH MICH IM SUPERMARKT IMMER FÜR DIE LANGSAMSTE SCHLANGE? WIE ENTSCHEIDE ICH MICH FÜR DIE SCHNELLSTE?

Fangen wir mit deiner ersten Frage an.

Angenommen, im Supermarkt gibt es nur zwei Kassen. An der einen steht man immer zwei Minuten an, an der anderen immer fünf Minuten.

Aber das sieht man nicht, also muss man raten.

Deshalb landet man mal in der langsameren Schlange und mal in der schnelleren.

Das heißt: Man steht genauso oft in der schnellen wie in der langsamen Schlange an.

Moment, wir haben ja auch noch nicht gerechnet!

Wenn man zehnmal in der schnellen Schlange steht, wie lange muss man dann insgesamt warten?

Genau. Und wenn man zehnmal in der langsamen Schlange steht, wie lange wartet man dann?

Stimmt. Man steht also insgesamt viel länger in der langsamen Schlange.

Aber in jeder Schlange steht man genau zehn Mal, das heißt mit anderen Worten, man steht genauso oft in der schnellen wie in der langsamen Schlange an.

Aber bei der langsamen Schlange dauert das jedes Mal endlos lange, deshalb hat man viel mehr Zeit, um sich zu ärgern. Im Nachhinein scheint es deshalb so, als würde man immer in der langsamen Schlange stehen, obwohl das wahrscheinlich gar nicht stimmt.

Man hat einfach nur mehr Ärger-Zeit!

Im Supermarkt kann eine kurze Schlange die langsame sein, wenn zwei Leute vor dir einen knallvollen Einkaufswagen haben und dann noch ein paar Minuten nach ihrem Portemonnaie suchen müssen, während eine längere Schlange ganz schnell gehen kann, wenn alle nur ein paar Artikel kaufen und ihre Karte zum Bezahlen schon parat haben.

Du kannst in Läden mit einem intelligenteren System einkaufen.

Wenn ein Laden eine Schlange für zwei Kassen hat, dann ist man dort im Schnitt schneller an der Reihe als in einem Laden mit zwei Kassen, die jeweils eine eigene Schlange haben.

Falls dann nämlich jemand viel länger an der Kasse braucht, kann der nächste Kunde schnell zur anderen Kasse.

Während man, wenn es nur eine Schlange vor jeder Kasse gibt, keine Wahl hat: Da muss man warten, man kann nicht wechseln.

Will man also nicht lange Schlange stehen, muss man in einem Laden mit vielen Kassen und einer Schlange für alle einkaufen.

SPÄTER

FRAU VERBEEK IN DER SCHLANGE VOR DEN TOILETTEN

»Das Anstehen in einer Schlange wurde erst Mitte des neunzehnten Jahrhunderts erfunden. Davor war es nicht üblich, dass die Leute sich ordentlich in einer Reihe aufstellten und warteten, bis sie dran waren. Erst als es Fabriken gab, wurde die Schlange wichtig, weil die Menschen von da an feste Arbeitszeiten hatten, wodurch immer viele zur selben Zeit am selben Ort sein mussten und es zu Gedränge kam. Im Jahr 1837 wurde in einem Buch über Frankreich erstmals eine Menschenschlange beschrieben. Der Autor erzählte, dass die Leute beim Bäcker in einer Reihe hintereinander anstanden – und dass das eine merkwürdige Angewohnheit der Franzosen sei. Normale Menschen würden so etwas niemals tun.«

ZITRONENEIS
NILLES FRAGE

DONNERSTAG

Roos, Romée, Chiara und Diede redeten schon den ganzen Tag über Mano. Nille stand dabei und ließ sich anstecken. Vielleicht hatte er ja gar keine Erkältung, sondern etwas viel Schlimmeres. Wenn er nun nie mehr zurückkam? Nille war nicht in Mano verliebt (die anderen alle schon), aber ohne ihn wirkte die Klasse viel braver. Langweiliger. Normaler. Und deshalb ging Nille mit den anderen mit, um mit Ahmed zu sprechen, denn der wohnte am nächsten bei Mano – irgendwo in dem grünen Hochhaus, wo niemand sonst aus ihrer Klasse hinkam. Vielleicht konnte er ja rauskriegen, was mit Mano los war. Kurz bevor sie bei Ahmed waren, im Fahrradraum, sagte Chiara: »Fragst du? Auf dich hört Ahmed.«
Nille zog die Augenbrauen hoch. Wie kommst du denn darauf, wollte sie sagen. Aber sie waren schon da.

FREITAG

Ahmed hatte versprochen nachzuforschen. Aber als er Freitag in die Schule kam und Chiara »Und? Und? Und?« fragte, schaute er schüchtern zu Boden und murmelte: »Nichts.«
»Wieso nichts?«, fragte Chiara.
»Ich hab geklingelt, aber es hat keiner aufgemacht.«
»Okay«, sagte Chiara. »Und hast du es dann noch mal versucht?«
Ahmed schüttelte den Kopf. Es sah so aus, als ob er rot würde.
»Dann machst du das heute Nachmittag!«, sagte Diede. »Oder?« Sie guckte zu Chiara.
»Na klar«, sagte Chiara. »Einfach weiter versuchen.«
Ahmed antwortete nicht. Auf einmal tat er Nille ein bisschen leid. »Geht das?«, fragte sie Ahmed leise. Und da wurde Ahmed rot und sagte: »Gut.«
Nille dachte in der Pause und auch noch während der Kunststunde darüber nach. Irgendwas war komisch mit Ahmed. Oder mit Mano. Sie kapierte nur nicht, was. Vielleicht täuschte sie sich ja auch. Vielleicht war Ahmed nur aufgeregt, weil er heute seine Matheaufgabe stellen musste – irgendwas mit Schlangen an der Supermarktkasse.

Aber da landete kurz vor dem Klingeln plötzlich ein Zettel auf ihrem Tisch. Mit einer Telefonnummer. Und einem Namen: Ahmed. Und einem Wort: Dringend.

SAMSTAG

Sie hatte seine Nummer in ihr Handy eingetragen und ihm eine Nachricht geschrieben.
Hallo, das ist meine Nummer (also von Nille). Was ist denn so dringend?
Sofort kam die Antwort.
Hallo. Wegen Mano. Ich muss dir was erzählen, aber nicht den anderen.
Da rief sie doch an, obwohl sie das eigentlich hasste. Ahmed klang weit weg, und sie hörte viele Geräusche im Hintergrund. Schließlich verstand sie, dass er etwas über Mano herausgefunden hatte. Dass der gar nicht krank war. Dass Ahmed ihn im Supermarkt gesehen hatte. Dass das ein bisschen komisch war. Dass …
»Dann geht's ihm also wieder besser«, sagte Nille. »Schön.«
»Okay«, sagte Ahmed. »Aber was ist, wenn er Montag wieder nicht zur Schule kommt?«
»Tja …«, sagte Nille. »Das sehen wir dann Montag. Und dann können wir immer noch …«
»Wir?«, sagte Ahmed.
»Was?«, sagte Nille.
»Nichts«, sagte Ahmed.
»Oh, na dann«, sagte Nille.
»Warte!«, sagte Ahmed. »Was … was ist dein Lieblingseis?«

SONNTAG

Was ihr Lieblingseis war? Komische Frage. Und was noch komischer war: Sie hatte zu Ahmed gesagt, sie wüsste es nicht, aber sie dachte den ganzen Sonntag darüber nach. Sie dachte auch über Mano nach, klar, aber eigentlich verstand sie nicht, weshalb alle sich so aufregten. Er war krank gewesen, es ging ihm wieder besser, schön, alles gut.
Am Ende des Nachmittags schrieb sie Ahmed: Zitrone.

MONTAG

Manos Platz blieb leer.
Es ging ihm also nicht besser.
Jetzt machten sich Chiara und die anderen Mädchen noch mehr Sorgen.

Ahmed
online

Hallo, das ist meine Nummer (also von Nille). Was ist denn so dringend?

Hallo. Wegen Mano. Ich muss dir was erzählen,
aber nicht den anderen.

Gestern

In der Pause drängten sie sich um Ahmed herum. »Was ist denn da los? Jetzt ist er schon zehn Tage krank! Ob er was Ansteckendes hat? Womöglich liegt er im Krankenhaus!«
Herr Sanders hatte schon gesagt, dass Mano nicht im Krankenhaus lag. Er hatte auch gesagt, dass es nichts Ernstes sei. Aber das half nicht gegen die wilden Gedanken. »Wir müssen ihm eine Karte schreiben! Ja, und Ahmed kann sie ihm bringen! Ahmed, du musst echt noch mal zu ihm gehen. Sollen wir mitkommen? Ahmed, Ahmed, Ahmed!«
Nille sah, wie Ahmed sich wand. Sie musste etwas tun, denn er konnte es nicht leiden, wenn alle ihn ansahen, und außerdem wussten nur sie beide, dass Mano am Freitag fröhlich durch den Supermarkt gelaufen war. »Wisst ihr was?«, sagte sie im passenden Moment, als gerade einmal alle still waren. »Jede von uns schreibt Mano heute Abend eine Karte. Wenn es ihm morgen besser geht, geben wir ihm die Karten in der Schule, dann sagen wir ihm, dass wir froh sind, ihn wiederzusehen. Und wenn er nicht kommt, bringt Ahmed ihm die Karten nach Hause.«
»Gut!«, sagte Ahmed. »Aber es wäre schon besser, wenn eine von euch mitkommt.«
Nille sah ihn verblüfft an. Sie hätte nicht gedacht, dass er sich traute, selbst etwas zu sagen.
»Okay«, sagte sie.
»Du«, sagte Ahmed. »Kommst du dann mit?«
»Ach so«, sagte Nille. »Äh … ja.«

DIENSTAGNACHMITTAG

Fast alle hatten eine Karte mit zur Schule gebracht. Und die wenigen, die vergessen hatten, eine zu schreiben, holten es schnell nach. Aber Mano war immer noch nicht zur Schule gekommen, also mussten Ahmed und Nille am Nachmittag zu ihm.
Es klingelte zum Schulschluss, und Nille sah Ahmed an. Seit dem Telefongespräch am Samstag hatten sie nicht mehr zu zweit miteinander geredet. Ahmed schaute kurz zurück, ging dann jedoch wie sonst auch mit den anderen Jungs nach draußen.
»Nille«, sagte Chiara ihr da ins Ohr. »Hier sind die Karten für Mano. Kannst du die einstecken? Du gehst doch jetzt zu ihm, oder?«
»Hm … ja«, sagte Nille. »Ich glaub schon.«
»Was ich noch … hm … ich meine … was ich fragen wollte …«, sagte Chiara. Sie wollte nicht recht mit der Sprache heraus. »Sag mal … bist du in ihn verliebt?«

Nille bekam einen Schreck. »In wen?«
»In wen?!«, sagte Chiara. »In Mano natürlich!«
»Ach so …« Nille lachte. »Nein, kein bisschen.«
»Dann ist es ja gut«, sagte Chiara. »Wir sind schon viel zu viele.«
»Du also auch?«, fragte Nille.
Chiara hielt ihr die Tüte mit den Karten hin und lächelte. »Geh jetzt mal. Ahmed wartet am Tor.«

DIENSTAGNACHMITTAG, KURZ DARAUF

Sie fuhren nebeneinanderher, Nille und Ahmed, und das Schöne war, dass sie beide überhaupt nicht verlegen waren und nicht rot wurden. Sie besprachen, wie sie die Sache angehen wollten. Es war gut, dass sie die Karten abgeben mussten, denn jetzt hatten sie einen guten Grund, Mano zu besuchen.
Sie stellten die Räder im Fahrradkeller von Ahmeds Familie ab. »Das ist wichtig«, sagte Ahmed. »Hier wird geklaut.«
Dann fuhren sie mit dem Aufzug in den elften Stock. »Hast du alles?«, fragte Ahmed.
»Ja«, sagte Nille. »Hier.« Sie zeigte auf ihren Rucksack.
»Gut«, sagte Ahmed.
Als sie oben waren, ließen sie erst eine alte Dame in den Aufzug, schlüpften dann hinaus und gingen über den Laubengang zur Haustür von Nummer 11-17.
»Wohnt ihr auch so?«, fragte Nille.
»Ja«, sagte Ahmed. »Aber weiter unten. Im zweiten Stock.«
»Okay«, sagte Nille.
»Hier ist es«, sagte Ahmed.
»Ja«, sagte Nille, und wieder wunderte sie sich, wie einfach alles war. Das war doch ein ganz schönes Abenteuer, und sie wussten nicht so genau, was passieren würde, aber sie zögerten nicht, sie trödelten nicht, sie machten es einfach. Das kommt daher, dass wir zu zweit sind, dachte Nille. Aber wieso merkte sie erst jetzt, dass es schön war mit Ahmed? Schon seit der Vorschule gingen sie in eine Klasse. Echt komisch, dachte Nille, aber Ahmed hatte schon geklingelt – und die Tür ging auf. Ein kleines Mädchen stand vor ihnen.
»Hallo«, sagte Nille. »Ist Mano da?«
Das Mädchen steckte einen Daumen in den Mund und klammerte sich am Türpfosten fest.
»Äh …«, sagte Ahmed. »Dein Bruder? Mano? Wir kommen wegen Mano.«

Das Mädchen sah sie einfach nur an und sagte immer noch nichts.
Nille schaute zu Ahmed. »Vielleicht spricht sie nur Marokkanisch. Sag mal was auf Marokkanisch.«
»Ich spreche kaum Marokkanisch«, sagte Ahmed. »Aber ich kann ja …«
In diesem Moment kam noch ein zweites Mädchen dazu. Sie war etwas größer als ihre Schwester. Oder doch nicht?
»Hallo«, sagte Nille wieder. »Wir kommen wegen deinem Bruder. Wegen Mano. Wir gehen mit ihm zur Schule.«

Auch dieses Mädchen sagte nichts. Sie drehte sich um und schaute in den Flur. Dann lief sie weg. Ihre kleine Schwester lief ihr hinterher, und jetzt guckten Nille und Ahmed in den leeren Flur.
Es dauerte vielleicht eine Minute, und Nille wollte Ahmed gerade fragen, ob sie nicht einfach die Tür zuziehen sollten, als sie auf einmal Manos Stimme hörten. »Was?«, rief er. »Wer?« Dann stürmte er in den Flur.
»Ahmed? Nille? Was ist los, warum …?«
Er sah überhaupt nicht begeistert aus. Seine Haare waren strubbelig.
»Hi«, sagte Nille.
»Yo«, sagte Ahmed.
Mano sparte sich die Begrüßung. »Warum seid ihr hier?«
»Äh … weil du krank warst«, sagte Nille und hielt ihm die Tüte mit Karten hin.
»Bist«, sagte Ahmed. »Weil du krank bist.«
Mano schaute auf die Tüte, rührte sie jedoch nicht an.
»Alle haben dir geschrieben«, sagte Nille. »Es ist echt anders in der Klasse, wenn du nicht da bist.«
»Also, hm, g-gute Besserung«, sagte Ahmed. O nee, jetzt stotterte er plötzlich wieder.
»Okay«, sagte Mano und nahm die Tüte, aber er machte sie nicht auf. Nille fand nicht, dass er erkältet aussah. Aber schon irgendwie … verstört? Wütend? Sie konnte es nicht genau sagen.
»Na dann, danke«, sagte Mano.
Und dann knallte er – bam! – die Tür zu.

DIENSTAGNACHMITTAG – EINE VIERTELSTUNDE SPÄTER

Nille und Ahmed saßen unten vor dem Haus auf dem Betonrand des trockenen Springbrunnens. Sie verstanden es einfach nicht: Mano hatte sich so anders verhalten als sonst! Einfach so die Tür zuzuknallen! Und war er nun krank oder nicht?

»Er will in Ruhe gelassen werden, das ist eindeutig«, sagte Nille.

»Vielleicht«, sagte Ahmed.

»Ich glaub, wir sollten uns da nicht weiter einmischen«, sagte Nille.

»Vielleicht nicht«, sagte Ahmed.

»Wir können einfach sagen, dass er immer noch krank ist und dass er die Karten schön fand«, sagte Nille.

»Hm«, sagte Ahmed. Nille schaute ihn an. Sie sah, dass er schon wieder »vielleicht« sagen wollte, aber irgendwie sah sie ihm auch an, dass er das nicht wirklich dachte. »Ich glaub, du denkst gerade angestrengt nach«, sagte Nille.

Ahmed musste lachen. »Tja, na ja«, sagte er. »Ich hab gedacht: Ob Mano …«

Aber viel weiter kam er nicht, denn die Haustür ging auf, und da war Mano. Mit einer Einkaufstasche. Er lief ein paar Schritte in Richtung Einkaufszentrum – bis er Nille und Ahmed sah. Offensichtlich hatte er nicht damit gerechnet, dass sie noch da wären, denn sobald er sie sah, lief er schneller.

Und noch schneller.

Und dann rannte er weg.

Ahmed sprang auf und rannte hinter Mano her.

»Ahmed!«, rief Nille.

»Mano!«, rief Ahmed.

Nille rannte jetzt auch, hinter den Jungs her, um die Ecke, und dabei dachte sie: Was machen wir hier?

Dann war da plötzlich ein älterer Junge, den sie nicht kannte. Er lief Mano entgegen und breitete die Arme aus. Mano wollte nach rechts ausweichen, aber der Junge fing ihn einfach auf. »Wohooo«, rief er. »Immer mit der Ruhe.«

Dann passierten sieben Sachen gleichzeitig. Erstens: Der ältere Junge hielt Mano fest, sodass der nicht wegkonnte. Zweitens: Ahmed kam dazu und rief: »Firas! Lass ihn los! Es ist nichts!« Drittens: Nille war jetzt auch fast da. Viertens: Der Junge, der anscheinend Firas hieß, sagte: »Warum rennt ihr dann? Verfolgt ihr ihn? Oder er euch? Bist du hinter meinem Bruder her? Oder ist das Mädchen hinter ihm her?« Er drehte sich zu Nille um und sagte: »He, Schöne, und wer bist du?« Fünftens: Mano rief: »Ich geh einfach nur zum Supermarkt!

Ich geh einfach nur zum Supermarkt!« Sechstens: Jetzt kapierte Nille! Der Junge namens Firas war Ahmeds Bruder! Ahmeds großer Bruder! Ahmed hatte von ihm erzählt! »Ich bin Nille«, sagte sie. Aber jetzt keuchten sie alle, und keiner verstand, was los war. Siebtens: Firas packte Mano an den Oberarmen und sagte: »Entschuldige, Mano, das war jetzt alles ein bisschen unklar. Und deshalb hab ich nur eine Frage: Magst du Gratis-Eis?«

DIENSTAGNACHMITTAG, WIEDER ZEHN MINUTEN SPÄTER

Mano mochte alle Sorten Eis durcheinander, also bekam er einen Becher mit allen Sorten durcheinander. »Lecker«, sagte er. »Aber ich versteh überhaupt nicht, warum ich mitgekommen bin.«

Sie saßen an einem Klapptisch hinter der Eisbude auf dem Hafenplatz. Normalerweise arbeitete Firas dort, aber jetzt bediente jemand anders, deshalb konnten sie zu viert Eis essen. Nille hatte Zitrone, Ahmed etwas mit Cookies und Firas nichts.

»Weil ich dich fest im Griff hatte, du konntest nicht anders.« Firas grinste. »Und das kam daher, dass ich meinen Bruder hinter jemandem herrennen sah, und mein Bruder rennt fast nie, er musste also einen guten Grund haben.«

»Ja, Ahmed«, sagte Mano. »Warum rennst du hinter mir her? What the fuck?«

»He!«, sagte Nille. »Du bist zuerst gerannt! Und davor hast du uns die Tür vor der Nase zugeknallt! Während wir dir Karten bringen wollten, weil alle dich vermissen!«

»Hahaha«, sagte Firas. »Die Tante hat Temperament!«

»Firas«, sagte Ahmed. »Sie ist keine Tante.«

»Ach ja, und was ist sie dann? Deine Freundin?«

Von jetzt auf gleich wurde Ahmed puterrot, und dann verpasste er seinem Bruder einen Tritt.

Mano stellte seinen Becher ab, stand auf und sagte: »Ich glaub, ich geh dann mal wieder.«

Sofort zog Firas ihn wieder auf seinen Stuhl. »Ganz bestimmt nicht. Deinen Freunden hier ist es anscheinend egal, ob du ihnen mit deiner Krankheit einen vom Pferd erzählst oder nicht, aber das heißt nicht, dass ich, Firas der Eisprinz, auf die Lösung des Rätsels verzichte. Also, was ist los? Bist du erkältet oder schwänzt du einfach ganz dreist? Denn das wär ja schon ein bisschen traurig, wenn deine Freunde dir liebe Briefe schreiben, während du mit deinen Schwestern rumkicherst.«

»Rumkicherst?«, fragte Mano.
»Ich hab dich letzte Woche im Supermarkt gesehen«, sagte Ahmed. »Herr Sanders hatte gesagt, du hättest eine schwere Erkältung, aber du sahst ganz munter aus.«
»Warst du erkältet?«, fragte Nille. Jetzt wollte sie es auch wissen.
»Ist doch egal, oder?«, sagte Mano.
»Hör jetzt auf mit dem Bullshit, Mann!«, rief Firas. »Du rennst vor deinen Freunden weg! Ich dachte, du bist der lustige Typ, der Junge, mit dem der Unterricht viel mehr Spaß macht, der sich diesen Megaplan für die beiden Freundinnen ausgedacht hat, die sich verkracht hatten, den alle mögen, auf den sechsundachtzig Mädchen stehen, der Typ, von dem mein Bruder immer voller Bewunderung erzählt, und jetzt – jetzt macht sich die ganze Klasse Sorgen um dich, echte Sorgen, die klingeln sogar bei dir, die schreiben dir. Und du windest dich raus, wenn es um eine einfache Antwort auf eine einfache Frage geht? BIST DU NUN KRANK ODER NICHT?«
Mano starrte Firas mit großen Augen an. Und auf einmal ließ er die Schultern hängen. »Na gut«, sagte er dann. »Nein.«
»Was nein?«, fragte Firas.
»Ich bin nicht krank. Und ich war auch nicht krank.«
Nille wusste nicht, was sie denken sollte. Er hatte also einfach geschwänzt? Sie hatten die ganzen Karten für nichts geschrieben?
»Lässt du mich jetzt gehen?«, fragte Mano. Er guckte Firas von schräg unten an, und einen Moment lang schien es so, als wäre Firas Manos großer Bruder, nicht Ahmeds.
»Klar kannst du gehen«, sagte Firas. »Aber das hier ist deine Chance.«
Seine Chance? Jetzt verstand Nille überhaupt nichts mehr.
»Von mir aus kannst du gehen«, sagte Ahmed. »Es ist doch egal, ob er ...«
»Das ist deine Chance«, sagte Firas zu Mano. »Auf einen neuen Freund, nämlich meinen Bruder. Und eine neue Freundin, nämlich Nille, die mit Ahmed zusammen ist. Und auf Gratis-Eis, wann immer du willst. Für dich und deine Schwestern.«

Und da geschah es. Mano fing an zu reden, mit gesenktem Kopf und der Stimme auf halber Lautstärke. »Es ist ...«, begann er. »Es ist echt nicht so schlimm. Ich war nicht krank, meine Mutter ist krank. Sie ist sehr oft krank, dann kann sie nichts mehr machen und muss sich ins Bett legen. Aber meine Schwestern sind noch nicht mal vier, sie sind noch nicht in der Schule, und es gibt keinen Platz im Kindergarten und, ach ja, mein Vater ist nach Marokko zurückgegangen, und er

sagt, dass wir bald nachkommen sollen, aber das sagt er schon seit zwei Jahren, und sonst hilft meine Tante immer, aber die war im Ausland, aber jetzt kommt sie bald zurück, deshalb wollte ich Kuchen holen, sie mag nämlich gern Kuchen, und morgen kann ich wieder in die Schule. Danke für das Eis. Sehr lecker.«
Dann stand er auf und ging.
Nille, Ahmed und Firas blieben sitzen. Nilles Beine fühlten sich schwer an. Und Ahmed neben ihr bewegte sich genauso wenig wie sie.
Bis.
Bis sie plötzlich beide gleichzeitig aufsprangen und zum zweiten Mal an diesem Tag hinter Mano herliefen. Im Unterschied zum letzten Mal rannte Mano diesmal nicht weg – sie hatten ihn also bald eingeholt, und diesmal war Nille ein bisschen eher bei ihm.
»He«, sagte sie. »Weißt du … alle haben eine Karte geschrieben. Nur Ahmed und ich nicht. Wir haben es vergessen. Aber wir haben was anderes.«
Dann kramte sie in ihrer Jackentasche und holte einen zerknüllten Zettel heraus. Sie reichte ihn Mano. Der guckte sie erstaunt an, strich die schwarze Haarsträhne aus den Augen, faltete den Zettel auseinander und las, was darauf geschrieben stand. *Ahmed* stand da. Und Ahmeds Telefonnummer. Es war der Zettel, den Ahmed am Freitag auf Nilles Tisch geworfen hatte. »Du kannst ihn einfach anrufen«, sagte Nille zu Mano. »Vor allem nach der Schule. Er kann echt gut mit Mädchen umgehen, vor allem wenn es kleine Schwestern sind. Außerdem geht er immer dran. Und wenn du willst, geb ich dir auch meine Nummer, dann kann ich vielleicht helfen kommen. Okay?« Sie schaute Ahmed von der Seite an. Der grinste und nickte.
Mano starrte eine Weile auf die Zahlen. Dann steckte er den Zettel ein, lachte zaghaft und sagte: »Bis morgen.«
»Bis morgen«, sagte Ahmed.
»Bis morgen«, sagte Nille.
Und beide schauten Mano nach. Sie sahen seinen Rücken. Seinen müden Gang, die Hände in den Taschen. Sie erkannten ihn nicht und erkannten ihn doch. Es war der Mano aus der Schule, aber mit einem ganz anderen Mano drum herum. Einem älteren, lieberen und auch ein bisschen traurigeren Mano.

MITTWOCH

Mano war wieder in der Schule! Und es war wieder so wie immer: In der Pause stand eine Gruppe Mädchen bei ihm, und die Jungs wollten ihn alle abklatschen.

Er drückte Fedor die Schulter und Sven auch.
Zu Ahmed und Nille – die zusammen eine Runde über die kleine Wiese gingen, wo man hinging, wenn man weder Lust auf Fußball noch zum Quatschen hatte – sagte Mano nichts.
Das war einerseits ein bisschen komisch, andererseits verstanden sie es auch. Sie wussten, wie die Lage bei ihm zu Hause war, und das wollte er ja anscheinend geheim halten. »Vielleicht hätten wir ihm nicht nachlaufen sollen«, sagte Ahmed.
»Vielleicht«, sagte Nille. »Aber so war es eben.«

Nein, Mano guckte sie nicht an. Und ja. Das verstanden sie.
Aber als der Vormittag um war und alle zu ihren Fahrrädern gingen, hörten Nille und Ahmed, dass ihnen jemand nachlief. Sie drehten sich um.
Es war Mano. Er grinste. »He«, sagte er. »Was ich noch sagen wollte: Schlumpfeis. Das lieben meine Schwestern. Schlumpfeis.«

DONNERSTAG

In der großen Pause platzte Ahmed vom vielen Rotwerden fast der Kopf, und er verschluckte sich auch noch, aber er fragte Nille trotzdem, ob sie mit ihm zusammen sein wollte, und sie sagte Ja.

FREITAG

NEIN! Nille war mit ihrer Matheaufgabe dran, aber in der ganzen Aufregung hatte sie völlig vergessen, sich etwas zu überlegen. Was nun? Sie hatte einfach keine Zeit dafür gehabt, denn ja, sie war verliebt, und dann dachte man an nichts anderes, deshalb fragte sie am Nachmittag Ahmed, aber der war auch verliebt und konnte auch an nichts anderes denken, deshalb fragte er Mano, und Mano hatte zum Glück eine Idee.

MATHEAUFGABE 19: Nille

IST EIS ÜBERALL AUF DER WELT GLEICH KALT?

Grad

Temperatur wird in Grad gemessen.
0 Grad ist der Gefrierpunkt: Dann gefriert Wasser.
100 Grad ist der Siedepunkt: Dann kocht Wasser.
Wir schreiben **7** Grad auch als **7** °C. Das C bedeutet **Celsius**.
Ist es kälter als **0** °C, dann sagen wir: Es ist **4** Grad unter null oder -**4** °C.

Genau, in den USA wird die Temperatur in Fahrenheit gemessen.

Das ist ein ganz anderes System als unseres, wir verwenden Celsius.

Man kann die europäische Temperatur in die amerikanische umrechnen.

Wenn man von Celsius in Fahrenheit umrechnen will, geht das so:

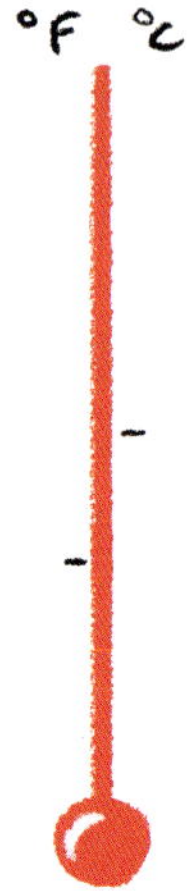

Temperatur in Grad Celsius → mal **9** → geteilt durch **5** → plus **32** → Temperatur in Grad Fahrenheit

0 °C × 9 = 0
0 : 5 = 0
0 + 32 = 32 °F

100 °C × 9 = 900
900 : 5 = 180
180 + 32 = 212 °F

Dafür rechnet man genau umgekehrt.

Temperatur in Grad Fahrenheit → minus 32 → mal 5 → geteilt durch 9 → Temperatur in Grad Celsius

SPÄTER

BESITZERIN DER EISDIELE ZU NILLE UND AHMED

»Es stimmt nicht, was euer Lehrer sagt. Eis ist nicht überall gleich kalt! Amerikanisches Eis ist ungefähr sieben Grad kälter als italienisches. Amerikanisches Speiseeis enthält mehr Fett und Luft, dadurch ist es weicher. Man serviert es bei etwa -12 Grad Celsius. Wäre es kälter, wäre es zu hart und nicht lecker. Wäre es wärmer, würde es schmelzen, bevor man es essen könnte. *Gelato*, echtes italienisches Eis, enthält viel weniger Fett und Luft als amerikanisches Speiseeis. Dadurch ist es fester und schmilzt nicht so schnell. Wenn ihr *gelato* bei einer Temperatur von etwa -5 Grad Celsius esst, dann ist es das Weichste und Sahnigste, was ihr je gegessen habt. *Buonissimo!*«

DIE LETZTE SEITE

TIMS FRAGE

Am schönsten fand Tim den Moment, wenn das Flugzeug kurz nach dem Start die Nase hob und schräg nach oben flog, sodass die Passagiere fest in die Sitze gepresst wurden. Dann fühlte es sich einen Augenblick so an, als flöge man aus der Welt heraus, durch die Atmosphäre hindurch, anderen Planeten entgegen. Aber schon bald korrigierte der Pilot die Flugrichtung, und sie flogen ordentlich geradeaus. Dann setzten Tim und Mama Ine immer jeweils einen Kopfhörer auf und hörten zusammen die Playlist *Die schönsten Songs aus Amerika*. Wenn sie die durchhatten, waren sie fast in Basel.
Basel liegt in der Schweiz, da arbeitete Katja, Tims andere Mutter, im Museum. Zum Glück hatte sie die Stelle dort nur für ein Jahr, dann kam sie zurück in die Niederlande. Zu Hause war es ganz schön leer ohne sie, deshalb flogen Tim und Ine einmal im Monat zu Katja und besuchten sie in ihrer Wohnung – die echt cool war, Tim hatte ein eigenes Zimmer, aus dessen Fenster man über die Dächer schauen und Leute beobachten konnte, die auf ihrem Balkon saßen und dachten, niemand sähe sie. Mann, wurde in der Schweiz viel in der Nase gepopelt.

Gut. Es war Freitagnachmittag direkt nach der Schule, und sie flogen zum dritten Mal nach Basel. Das Flugzeug hatte die Nase in die Wolken gereckt, flog dann wieder normal, und Ine holte schon die Kopfhörer heraus. »Nein«, sagte Tim. »Ich möchte jetzt keine Musik hören.«
»Ach nein?«, fragte Ine.
»Ich … äh … ich hab Hausaufgaben«, sagte Tim.
»Super, Schatz«, sagte Ine. »Aber die kannst du doch auch noch am Wochenende machen. Katja muss Sonntag zu einem Empfang. Da möchtest du bestimmt nicht mit, dann hast du jede Menge Zeit.«
»Ich glaub, ich mach sie lieber jetzt.«
»Na gut, Schatz.«
Tim nahm sein Schreibheft, dabei hatte er gar keine Hausaufgaben. Nein, er schrieb ein Buch. Sein Buch hieß *Alles wird besser, weißt du, wie, na so*. Damit hatte er letzte Woche angefangen, weil er nicht anders konnte. In der Schule,

im Debattierklub und auch wenn sie die Nachrichten besprachen, ging es jetzt schon seit drei Wochen um die Erde. Um das Klima und die Veränderungen des Wetters. Um die Rohstoffe. Um das Bienensterben und das Aussterben der Eisbären und das Schmelzen der Polkappen, um die Ozeane, in denen Plastik schwamm und die außerdem immer höher wogten, höher und höher und höher. Tim ertrug es nicht. Wenn er hörte, wie schwierig die Zukunft wurde, dass die Sonne vielleicht explodieren und das Wasser mehr als die Hälfte der Niederlande überfluten würde, hatte er ein Gefühl, als ob zwei unsichtbare Hände ihm schmerzhaft die Kehle zudrückten.
Und eines Abends, als er Angst hatte, wieder nicht schlafen zu können wegen all der schlimmen Sachen (immer mehr Waldbrände, das Verschwinden des Urwalds, weniger Froscharten und das Nashorn – das Nashorn! –, das es in fünfzehn Jahren vielleicht einfach nicht mehr gab), hatte er Mama Katja in Basel angerufen. Katja sammelte Ideen. Künstler aus der ganzen Welt hatten gute Pläne, und dafür versuchte Katja Geld aufzutreiben. Als sie Tim zugehört hatte, gab sie ihm den folgenden Rat: »In den Berichten der Zeitungen und Fernsehsendungen müssten sie mal mehr nach Lösungen suchen. Denn die gibt es, Tim. Die Erde verändert sich zwar, aber es gibt auch viele Menschen, die Ideen haben, wie man etwas verbessern könnte. Sammel du auch mal ein paar. Dann bist du nach einer Weile bestimmt nicht mehr so traurig.«

Erst wusste Tim gar nicht, wo er anfangen sollte. Aber dann las er einen Artikel über Boyan, einen niederländischen Jungen, der sich schon länger damit beschäftigte, die Ozeane vom Plastikmüll zu befreien. Tim fand dazu allerlei YouTube-Videos, und auf einmal war Boyan der Erste auf Tims Liste *Gute Ideen für die Welt*. Aus der Liste wurde ein Buch, und das Schreiben des Buchs machte ihn froh. Das Beste war die Seite über das krumme Gemüse. Er las etwas über ein Unternehmen, das aussortiertes Obst und Gemüse abholte: schiefe Möhren, verkehrt gewachsene Kartoffeln, missratene Tomaten. Die schmeckten genauso gut, doch sie wurden weggeworfen, weil die Supermärkte das krumme Zeug nicht verkaufen wollten. Und Rübenretter, der Betrieb, der das traurige Gemüse sammelte, machte zum Beispiel Suppe daraus. Die konnte man dann bestellen.

Tim hatte schon hundertvierzehn lustige Zeichnungen von schief gewachsenem Gemüse gemacht.
Heute arbeitete Tim an Seite zweiundzwanzig seines Buchs. Nach der Hälfte des Flugs war er fast fertig. In diesem Kapitel ging es um Laternenpfähle. Er hatte neulich nämlich etwas Witziges gelesen: Vielleicht brauchen wir für die Straßenbeleuchtung bald keinen Strom mehr, denn eine Frau hat entdeckt, dass man dafür auch Bakterien benutzen kann. Bakterien, die leuchten, so wie Glühwürmchen. Wenn man eine große Menge dieser Leuchtbakterien in eine Laterne füllt, hat man eine Lampe! »Was malst du da?«, fragte Mama Ine, als die Stewardess ein Sandwich brachte.
»Was für die Schule«, sagte Tim.
»Das ist mir schon klar«, sagte Ine. »Aber was?«
»Erklär ich dir später, jetzt bin ich beschäftigt«, sagte Tim.
Er wollte sein Buch jetzt noch niemandem zeigen. Das ging erst, wenn er seine Matheaufgabe gestellt hatte. Die handelte von Tims größtem Problem: dem Fliegen. Ein Flugzeug ist ja schlecht für die Umwelt. Viel schlechter als ein Zug. Und Flugzeug flogen sie jeden Monat. Natürlich freute er sich, Mama Katja zu sehen, sie fehlte ihm ganz schön oft. Aber Tim fand es komisch, dass sie noch nie alle drei über das Fliegen nachgedacht hatten. Normalerweise dachten seine Mütter über alles nach und wollten alles miteinander besprechen.
Deshalb hatte Tim sich einen fein säuberlichen Plan zurechtgelegt:
1. seine Matheaufgabe stellen,
2. dann hören, wie schlecht Fliegen ist und ob es besser wäre, mit dem Zug zu fahren,
3. dann seinen Müttern sein Buch zeigen,
4. und wenn es ihnen gefiel, kamen sie automatisch bis zur letzten Seite,
5. und darauf war eine Zeichnung von einem Flugzeug, drei Menschen, zwei Frauen und einem Jungen, und darüber ein ganz großes Fragezeichen.
Der Pilot sagte: »*Cabin crew, prepare for landing*«, denn gleich landeten sie. Auch nicht schlecht, dann hing man kurz vornüber, als ob das Flugzeug nach einem Wurm in der Erde suchen wollte. Aber dann begab sich die Maschine genau rechtzeitig wieder in die Horizontale, die Räder stießen auf den Boden, und die Bremsen quietschten. Das war, als ob das Flugzeug ganz laut »Iiiiiiiiii« riefe. Tim fand es toll. Das Starten und das Landen, aber eigentlich war es verkehrt.
Ja, die letzte Seite würde nicht so einfach werden.

MATHEAUFGABE 20: Tim

WIE VIEL SCHLECHTER IST ES, MIT DEM FLUGZEUG ZU REISEN ALS MIT DEM ZUG? WIE VIEL TEURER IST ES? UND WIE VIEL SCHNELLER?

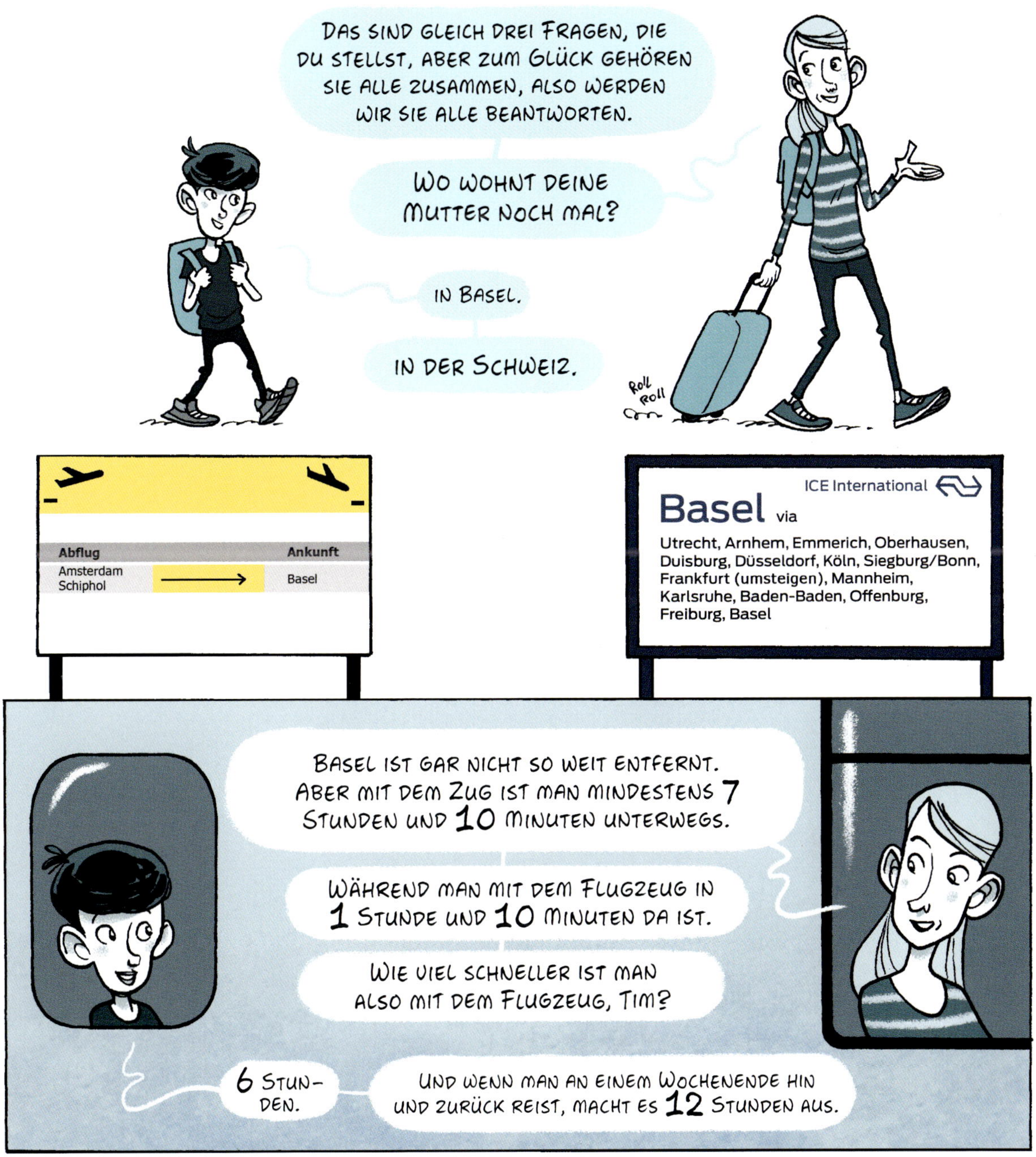

JA, FLIEGEN GEHT WIRKLICH VIEL SCHNELLER.
WEITER ZUR ZWEITEN FRAGE: WIE VIEL TEURER IST ES, MIT DEM FLUGZEUG ZU REISEN ALS MIT DEM ZUG?
ICH HAB DIE TARIFE DURCHSTÖBERT, UND ALS ECHTE SPÜRNASE HABE ICH SO LANGE GESUCHT, BIS ICH DIE ALLER-ALLER-ALLERBILLIGSTEN TICKETS GEFUNDEN HATTE.
Rückfahrticket nach Basel (Zug) € **80**
Rückflugticket nach Basel (Flugzeug) € **51**
DAS IST 80 - 51 = 29 EURO TEURER.
DAS HEISST ... FLIEGEN IST BILLIGER ALS ZUGFAHREN?
DAS IST DOCH VERRÜCKT!
WARUM MACHT MAN FLIEGEN DANN NICHT TEURER ALS ZUGFAHREN?
MAN SAGT DOCH IMMER, DASS FLIEGEN SO SCHLECHT FÜR DAS KLIMA IST!
ICH FINDE FLIEGEN VIEL SCHÖNER ALS ZUGFAHREN!
SCHÖNER? WAS HAT DAS DENN DAMIT ZU TUN?

Moment mal.
Tims erste Frage war ja: Wie viel schlechter ist es, mit dem Flugzeug zu reisen?
Das ist schwieriger zu berechnen …

Oft messen wir dafür das Kohlendioxid, das dabei ausgestoßen wird.
Kohlendioxid, auch CO2 genannt, ist ein Treibhausgas, das zur Erderwärmung führt.
Wenn man mit dem Zug nach Basel fährt, werden dabei 60 Kilo CO2 freigesetzt.
60
Wenn man fliegt, fallen 450 Kilo CO2 an.
450

Zum Vergleich:
Wenn man ein Jahr lang kein Fleisch isst, spart man damit 460 Kilo CO2.
460

ALSO EIGENTLICH …
IST EIN EINZIGER FLUG NACH BASEL GENAUSO UMWELTSCHÄDLICH, WIE EIN GANZES JAHR FLEISCH ZU ESSEN.

DANN IST ES KLAR, TIM: DU KANNST NICHT MEHR NACH BASEL FLIEGEN.
ABER WENN ER MIT DEM ZUG FÄHRT, IST ER DEN GANZEN TAG UNTERWEGS. DA KANN ER GLEICH ZU HAUSE BLEIBEN!
DANN KÖNNTE ER SEINER MUTTER GERADE MAL HALLO UND TSCHÜS SAGEN.
TESSA HAT DIE LÖSUNG!
WAS DENN?
WIR ESSEN ALLE KEIN FLEISCH MEHR.
DANN KANNST DU ZWEIUNDZWANZIG MAL PRO JAHR IN DIE SCHWEIZ FLIEGEN!

SPÄTER

FRAU VERBEEK IM FLUR ZU TIM

»Es gibt ja schon elektrische Autos, warum gibt es dann eigentlich noch keine elektrischen Flugzeuge? Die wären viel besser fürs Klima. An verschiedenen Orten der Welt wird immerhin schon an Flugzeugen gearbeitet, die kein Kerosin mehr brauchen, sondern mit riesigen Batterien betrieben werden. Die wären nicht nur sauberer, sondern auch viel leiser. Allerdings ... wird es noch eine Weile dauern, bis wir sie am Himmel sehen. Erst müssen die Erfinder allerlei Probleme lösen. Zum Beispiel: Ein normales Flugzeug verbrennt sein Kerosin in der Luft und wird dadurch immer leichter. Ein batteriebetriebenes Flugzeug bleibt immer gleich schwer. Und wie lädt man die Batterie auf? Und ist es auch wirklich hundertprozentig sicher? Vielleicht gibt es ja in einigen Jahren Hybrid-Flugzeuge, die sowohl mit Batterie als auch mit Kerosin betrieben werden können. Oder vielleicht werden erst mal ein paar kleine elektrische Hubschrauber zugelassen. Oder kleine fliegende Batterietaxis. Oder Drohnen, in die ein paar Leute passen.«

KLASSENAUSFLUG!

MICKS FRAGE

Es gibt so Tage, da hat man schon beim Aufstehen Flummispringbeine, und das hört dann gar nicht mehr auf.
Heute war so ein Tag. »Kannst du nicht mal still sitzen?«, brummte sein Vater beim Frühstück, aber das konnte Mick nicht, denn heute war der KLASSENAUSFLUG!
Mama hatte seinen Rucksack gepackt, und Mick hatte alles wieder ausgepackt und auf sein Bett gelegt, um zu sehen, was alles dabei war (manchmal kaufte Mama die verkehrten Süßigkeiten, aber diesmal hatte sie wirklich sehr gut aufgepasst, wirklich sehr, sehr, sehr gut, ins vordere Fach des Rucksacks hatte sie sogar noch eine Extrapackung M&M's gesteckt, ohhhh Supermama), und dann hatte er alles wieder eingepackt, zusammen mit einem klitzekleinen Schreibblock, denn er musste sich heute auch noch eine Matheaufgabe überlegen, morgen war er an der Reihe. Seine Aufgabe sollte von Tieren handeln!
Denn sie gingen in den – ach, den Schreibblock brauchte er gar nicht, denn er durfte sein Handy mitnehmen, und darin konnte er auch Notizen machen. Sie gingen also in den – waaaah, in welcher Gruppe er wohl war? SIE GINGEN IN DEN ZOO!

Sie saßen im Bus. Es gab ein bisschen Gedränge, aber jeder fand einen Platz. Mick saß neben Roman, der schon seit seinem nullten Lebensjahr sein bester Freund war, denn ihre Mütter hatten im Krankenhaus im selben Zimmer gelegen, und deshalb hatten Roman und er auch im selben Zimmer gelegen. Roman war zwei Tage vor ihm auf die Welt gekommen, leider.
Frau Verbeek und Herr Sanders zählten die ganze Klasse dreimal durch – alle waren da. Ein paar Mütter und Väter kamen auch mit. Schon bald ging es mit dem Singen los (Klassenkaraoke, es klang scheußlich und war total witzig).
Kurz vor Rotterdam las Frau Verbeek vor, wer mit welcher Gruppe durch den Zoo gehen sollte, und es war alles perfekt, denn Roman und er waren mit Tessa und Estelle zusammen. Und mit Tessas Mutter, die ganz nett wirkte.

Aber sie waren ja wegen der Tiere gekommen. Und auf einmal standen sie vor den GORILLAS!
Der größte hieß Bokito und war tatsächlich schon mal ausgebüxt. Estelle las es von der Infotafel vor. Tessa sagte, sie fände das beängstigend, und Roman suchte nach dem Gorillababy, denn da sollte eins sein. Mick war mit seinem Handy beschäftigt. »He«, sagte Estelle. »Was machst du da?«
»Ich mache eine Liste mit Matheaufgaben, die mit Tieren zu tun haben. Ich bin morgen dran, und ich will die beste Tierrechenaufgabe stellen, die es gibt. Also schreibe ich erst mal alles auf und entscheide mich später.«
»Cool!«, sagte Tessa.
»Wenn du willst, können wir dir helfen!«, sagte Estelle.
»Gern«, sagte Mick. Er zuckte die Schultern. Die gingen viel zu fröhlich nach oben, Flummispringschultern eben.
Fünf Minuten später hatte er die ersten Tierrechenaufgaben in seinem Handy.
Wie viele Menschen kann ein Gorilla auf einmal zerquetschen?
Können Gorillas Gebäude zerquetschen?
Wie viele Zoowärter haben Gorillas weltweit schon zerquetscht?
»Vielleicht müssen nicht alle Fragen vom Zerquetschen handeln?«, sagte Roman.
»Nein«, sagte Mick. »Aber das ist schon spannend.«
»Ja«, sagte Roman.

Bei den Zebras kamen neue Fragen auf.
Wie viele Streifen hat ein Zebra auf dem Hintern?
Wie viele Streifen gibt es auf allen Zebrahintern zusammen?

Es war witzig, sich Fragen auszudenken, und sogar Tessa, die meistens ernst guckte, musste lachen. Mick tippte alles in sein Handy, dann sprintete er zu den Nilpferden, aber er kam genauso schnell wieder zurück und noch mal und noch mal – einfach, weil seine Beine Lust dazu hatten.

»Ich weiß was, ich weiß was!«, rief Roman.
Wie viele Kinder aus unserer Klasse passen in den Bauch eines Nilpferds?
»Nein, hör zu«, sagte Estelle. »Die hier ist besser.«

Wie viele Lehrer und Lehrerinnen passen in den Bauch eines Nilpferds?
Sie kriegten sich nicht mehr ein vor Lachen. »Seid mal ein bisschen leiser«, sagte Tessas Mutter, aber es war einfach zu lustig mit allen zusammen.

Es war schon fast eins. Alle Gruppen trafen sich draußen am Café beim großen Spielplatz. Da gab es Kakao, und sie durften ihre Lunchpakete auspacken. Roman hatte so viele Brote mit XXL-Schokostreuseln dabei, dass er sie gar nicht alle essen konnte, deshalb ließ Mick seine eigenen Brote (mit den Mini-Schokostreuseln, warum hießen die nicht XXS?) im Rucksack und aß schön bei seinem besten Freund mit.
Er fühlte sich immer noch so leicht, so ballonmäßig, voller Wölkchen – das war der schönste Tag des Jahres. Sie durften noch eine Viertelstunde spielen, und alle rannten zum Seil-Kletterturm. Roman fiel fast runter, er hing noch gerade so an einem Arm. »Woohoo!«, schrie er. »Ich bin ein Giebon!«
»Gibbon!«, rief Mick.
»Das auch!«, brüllte Roman.

Bei den Elefanten hatten sie dann wieder eine geniale Idee.
Kann man einen Elefanten, der niesen muss, als Dusche benutzen?

Bei den Walrossen.
Wie platt werden die Beine, wenn man ein Walross auf den Schoß nimmt?

Im Schmetterlingsgarten.
Wie viele Schmetterlinge braucht es, damit sie einem die Perücke vom Kopf heben können, falls man eine Perücke hat?

Und bei den Okapis.
Wie viele Streifen hat ein Okapi auf dem Hintern?
Wie viele Streifen gibt es auf allen Okapihintern zusammen?
»Die hast du doch schon!«, sagte Estelle.
»Ja, aber mit Zebras«, sagte Tessa. »Das ist ein ganz anderes Tier mit anderen Streifen, also kommt auch eine andere Zahl raus.«

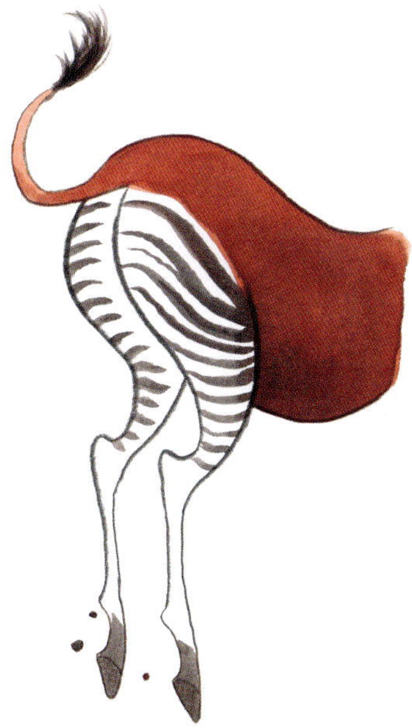

Und auf einmal war der Tag vorbei. Alle versammelten sich beim Souvenirladen, und wer wollte, durfte noch etwas kaufen. Das dauerte lange. Es wurden Geldstücke aus kleinen flachen Portemonnaies gefischt, klein gefaltete Scheine aus Rucksackfächern vorn und seitlich, und der eine Patrick und der andere Patrick kauften sich zu zweit ein Hai-Lexikon, für das sie ihr Taschengeld zusammenwarfen.
Gepinkelt werden musste auch noch, in Grüppchen, ein bisschen schneller bitte – und als Überraschung bekam jeder von Frau Verbeek und Herrn Sanders für den Rückweg eine Portion Churros mit Puderzucker.

Im Bus kamen Micks Flummispringbeine endlich zur Ruhe. Estelle und Tessa, die auf den Plätzen vor Roman und Mick saßen, sprachen leise über die Farbe der Flamingos und wie sie sich verändern konnte, wenn sie sich schämten oder sich paaren wollten, aber Mick war sich nicht sicher, ob er das richtig verstanden hatte. Eine zufriedene Mittagssonne schien durch die Fenster, und der Lärm, der auf dem Hinweg durch den Bus geschallt war, war zusammengesackt zu etwas Trägem, Schläfrigem.
Da sagte Roman plötzlich: »Mickie, da läuft was über dein Knie.«
Mick guckte.
He, eine Ameise.
Er wollte sie gerade wegwischen, als er sah, dass die Ameise etwas auf dem Rücken trug. Einen Schokostreusel.
»Guck mal!«, flüsterte Mick Roman zu, denn jetzt sah er noch eine. Und noch eine. Auf dem Sitz und auf der Lehne.
»Das ist eine ganze Ameisenstraße!«, sagte Roman. »Die kommen aus deinem Rucksack!«
»Die klauen meine Schokostreusel«, flüsterte Mick. Wahrscheinlich waren die Ameisen in seinen Rucksack gekrabbelt, als er mit den Churros auf der Bank gesessen hatte. Da hatte er seinen Rucksack am Mülleimer abgestellt, wo ganze Ameisenarmeen um die süßen Sachen herumkrabbelten.
»Sieht aus wie ein Mini-Umzug«, sagte Roman.
»Ja, sagte Mick. »Ein Umzug ohne Google Maps. Die finden natürlich nie wieder zurück nach Hause.«
»Dann müssen sie wohl hier im Bus wohnen bleiben«, sagte Roman.
Es war ein Quatschgespräch, aber wenn Mick und Roman müde waren, fanden sie Quatschgespräche das Allerbeste.

»Dann werden sie Weltenbummler«, sagte Mick.
»Du bist der Einzige, der Tiere aus dem Tierpark mitgenommen hat«, sagte Roman.
Mick grinste.
Hach, das war ein Supertag gewesen. Sie bogen in die Straße vor der Schule ein, deshalb hockten sie sich auf den Boden, damit die Eltern dachten, der Bus käme leer zurück, aber niemand glaubte wirklich daran, und alle fanden es eigentlich kindisch, aber sie machten es trotzdem, denn letztes Jahr fanden sie es noch lustig, und wenn man einen Klassenausflug machte, war man immer noch ein bisschen das Kind vom letzten Klassenausflug und von dem davor und dem davor.

»Bis morgen«, sagten Mick, Roman, Estelle und Tessa, als sie ausgestiegen und von ihren Eltern umarmt worden waren.
Micks Mutter bestand darauf, dass er sich bei Frau Verbeek, Herrn Sanders und Tessas Mutter bedankte, also tat er das.
Danach rief er Roman »Tschüs« zu, und Roman sagte: »Du hast die ameisten Tiere!«
Darüber musste Mick noch den ganzen Abend kichern, und später im Bett las er seine Matheaufgaben durch, die alle witzig waren, aber auch komplett unbrauchbar. Eine nach der anderen löschte er sie, aber das machte nichts, denn er hatte sich schon längst eine neue überlegt.

MATHEAUFGABE 21: Mick
WENN WIR MENSCHEN AMEISENSTARK WÄREN, WAS KÖNNTEN WIR DANN TRAGEN?
MANCHE AMEISEN KÖNNEN DAS FÜNFZIGFACHE IHRES GEWICHTS TRAGEN.
WAS WÜRDE DAS FÜR UNS MENSCHEN BEDEUTEN?

DASS ICH FÜNFZIG MANOS HOCHHEBEN UND ÜBERALL MIT HINNEHMEN KÖNNTE!
JA, JEDER VON EUCH KÖNNTE DIE GANZE KLASSE UND FRAU VERBEEK UND MICH DAZU AUF DEM RÜCKEN TRAGEN.
DAS WÄRE GANZ PRAKTISCH BEIM NÄCHSTEN KLASSENAUSFLUG, DANN KÖNNTEN WIR UNS DEN BUS SPAREN.
UND WAS ICH DANN ERST TRAGEN KÖNNTE.
ICH WIEGE ACHTZIG KILO ...
WENN ICH AMEISENSTARK WÄRE, KÖNNTE ICH ALSO ...

80 × 50, DAS SIND VIERTAUSEND KILO!
DANN KÖNNTE HERR SANDERS DIE GANZE SCHULE TRAGEN!
ODER EINEN ELEFANTEN!
HOHO, DAS MÜSSTE ABER EIN KLEINER ELEFANT SEIN …
DENN MANCHE ELEFANTEN WIEGEN SECHSTAUSEND KILO!
DEN WÜRDE ICH DANN MIT FRAU VERBEEK ZUSAMMEN TRAGEN.
SIE PACKT IHN BEI DEN HINTERBEINEN …
UND ICH BEI DEN VORDERBEINEN.
GIBT ES ECHT MENSCHEN, DIE SO VIEL TRAGEN KÖNNEN?
NEIN, DER STÄRKSTE MANN DER WELT IST SCHON FROH, WENN ER GANZ KURZ 500 KILO ÜBER DEN KOPF HEBEN KANN.
250
250

WAS GLAUBT IHR, WOHER ES KOMMT, DASS AMEISEN SO STARK SIND?
WEIL SIE SUPER-HELDEN SIND!
SO WIE SPIDER-MAN
ANT-MAN!
VIELLEICHT WEIL SIE SO KLEIN SIND?
GENAU SO IST ES.
Wir benötigen einen Teil unserer Muskelkraft, um unseren eigenen Körper aufrecht zu halten.
Ameisen sind viel kleiner und leichter. Sie brauchen ihre Muskeln kaum für ihr eigenes Gewicht und können alles zum Tragen einsetzen.
ABER AMEISEN HABEN DOCH AUCH VIEL KLEINERE MUSKELN!
STIMMT …
ABER IM VERHÄLTNIS SIND IHRE MUSKELN VIEL GRÖßER ALS UNSERE.

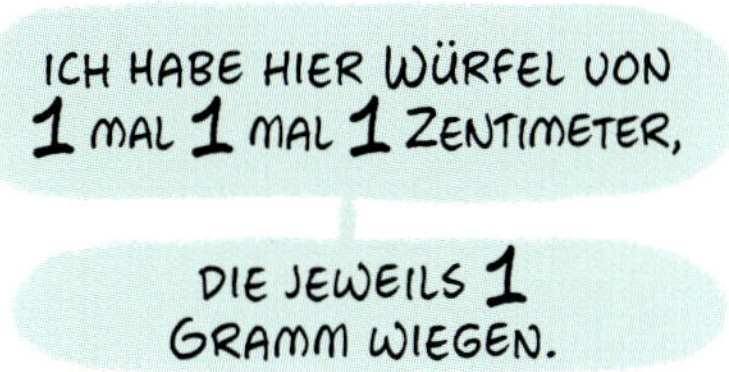

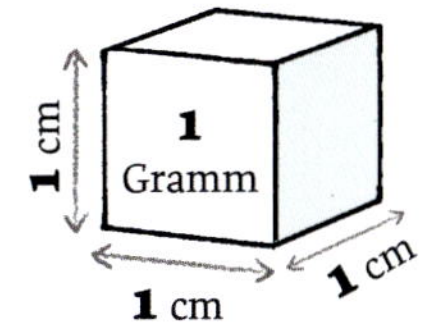

Ich stelle zwei Würfel nebeneinander. Stellt euch jetzt mal vor, sie stellen zusammen eine große Ameise dar, die ungefähr **2** Gramm wiegt.

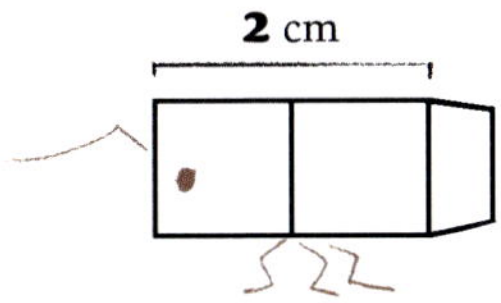

Wie lang wären ihre Muskeln ungefähr?

Wenn wir ein Fünftel der Höhe als Länge ihres längsten Muskels annehmen, wären das **2** Millimeter. Nicht sehr beeindruckend, oder?

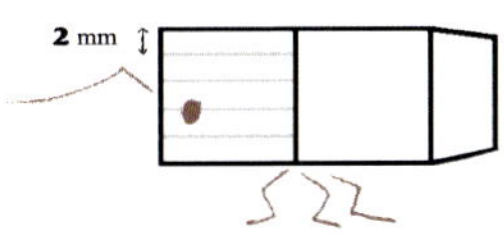

Aber wartet mal ab.

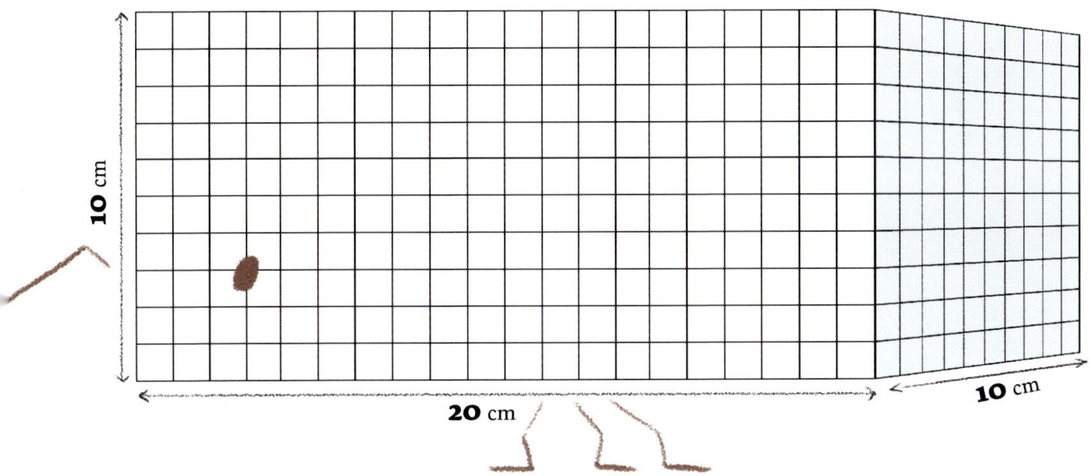

Jetzt haben wir aus **2000** Würfeln eine Art Riesenameise gebaut. Wie viel wiegt sie?

Stimmt, die große Ameise ist tausendmal so schwer wie die kleine.

Aber was ist mit ihren Muskeln?
Wenn wir ein Fünftel ihrer Höhe als ihren längsten Muskel annehmen?

Und wie viel Millimeter sind das?

LÄNGENMASSE

1 Meter = **10** Dezimeter = **100** Zentimeter = **1000** Millimeter
1 Kilometer = **10** Hektometer = **100** Dekameter = **1000** Meter.

	Kleine Ameise	**Große Ameise**	
Gewicht	**2** Gramm	**2000** Gramm	→ mal tausend
Längster Muskel	**2** Millimeter	**20** Millimeter	→ mal zehn

SPÄTER

AUF DEM SCHULHOF, HERR SANDERS ZU MICK

»Es sind schon dicke Bücher über die Frage geschrieben worden, warum Zebras Streifen haben. Viele Erklärungen, die sich die Menschen überlegt haben, sind unsinnig: Die Streifen dienen nicht der Tarnung, denn Löwen und Hyänen können die Streifen gar nicht gut sehen. Sie helfen auch nicht, um die Zebras zu kühlen. Die neuste Idee, an der vielleicht was dran ist, besagt, dass Stechfliegen durch die Streifen vielleicht verwirrt werden und deswegen nicht so gut auf einem Zebra landen können, um ordentlich zuzustechen.«

DIE LETZTE FRAGE

ROMANS FRAGE

»Roman«, sagte Frau Verbeek. »Du bist heute Nachmittag als Allerletzter dran. Du darfst die Schlussfrage stellen. Hast du dir schon was überlegt?«
Puh – Roman brach plötzlich der Schweiß aus. Plink, ploink, sprangen ihm Tröpfchen auf die Stirn, direkt unter dem Haaransatz.
Frau Verbeek sah es nicht, aber Roman spürte, dass die Tröpfchen da waren.
»Ich würde«, begann er.
»Was sagst du?«, fragte Frau Verbeek. »Du redest ein bisschen leise.«
»Ich will eigentlich …«, sagte Roman. »Ich meine … Meine Frage ist ein bisschen ego. Ich meine es echt nicht blöd. Aber meine Frage ist …«
Puh, dachte Roman. Jetzt kullern mir gleich die Schweißtropfen über das Gesicht. Aber das passierte nicht. Vielleicht waren sie schon verdampft.
»Du kannst es ruhig sagen«, sagte Frau Verbeek. »Keine Rechenaufgabe ist zu verrückt. Und vielleicht wäre es nicht schlecht, wenn du einfach damit rausrückst, denn wir haben nur noch dreißig Sekunden bis zum Klingeln, haha.«
»Ja«, sagte Roman. »Meine Frage ist: Wie wird man reich?«
»Wie man reich wird?«, fragte Frau Verbeek.
»Ja«, sagte Roman.
»Das ist alles?«, fragte Frau Verbeek.
»Ja«, sagte Roman. Sein Schweiß war nicht verdunstet, er spürte ihn immer noch.
»Darüber werden Herr Sanders und ich dann mal lange und intensiv nachdenken.« Frau Verbeek lachte. »Nach dem Wochenende ist die letzte Stunde Mathe fürs Leben, und ich kann dir jetzt schon sagen: Das ist bestimmt nicht die einfachste Frage. Aber wir werden unser Bestes geben.«
Danach sagte sie noch etwas von Hausaufgaben und einem schönen Wochenende, aber Roman konnte nur denken: Was denken die anderen jetzt?
Und was dachten die anderen?
Mick dachte: He, Roman schwitzt. Ob er schon Deo benutzt? Mama hat gesagt, sie glaubt, dass ich bald Deo benutzen muss.

Tessa dachte: Manche Rassehunde sind wirklich sehr teuer, dann muss man noch einen Ausweis für den Hund kaufen, und man kann sich nicht mal sicher sein, ob er auch lieb ist. Ich finde, wir sollten uns einfach einen aus dem Tierheim holen.
Tim dachte: Ist Mama Katja reicher als Mama Ine, oder haben sie ihr Geld zusammengeschmissen? Wie komisch, dass ich das nicht weiß.
Nille dachte: Gleich mal Ahmed fragen, ob er mit ins Kino kommt. *Catmouse 2* ist raus.
Ahmed dachte: Gleich mal Nille fragen, ob sie mit zum Hafen kommt, Firas hat gesagt, dass ein Kreuzfahrtschiff aus Amerika anlegt.
Patrick 1 dachte: Reich werden? Das kann nicht so einfach sein, sonst wär ja jeder reich. Wenn ich reich wäre, würde ich bei uns zu Hause eine Sternwarte bauen lassen. Da, wo Papas Arbeitszimmer ist, das fände er bestimmt nicht schlimm, denn so oft sitzt er da ja sowieso nicht.
Patrick 2 dachte: Wann klingelt es endlich? Es nervt ja schon etwas, dass ich jetzt beim FC Sterwijk spiele; wenn es regnet, werde ich klatschnass, aber ich beklage mich auf keinen Fall, denn Cees ist wenigstens ein anständiger Trainer. Wann klingelt es denn nun, ich muss mich beeilen.
Roos dachte: Ich muss so dringend aufs Klo!
Sven dachte: Gute Frage von Roman. Könnte ich mit ihm auch befreundet sein? Und mit Mick? Ich glaub schon. Glaub ich echt.
Diede dachte: Eine eigene Konditorei, die hätte ich gern. Dafür brauche ich nur einen Laden, eine Theke und eine Vitrine und säckeweise Zucker und Fondant. Ich glaube, ich mache fast alles in Rosa.
Mano dachte: Das werd ich sowieso – reich. Dann kaufe ich zehnmal im Jahr Flugtickets nach Marokko, auch für Fati und Ouaffa, die sind nämlich gar nicht zu klein, um zu fliegen. Ah, Moment, Fliegen ist ja gar nicht gut. Na ja, scheiß drauf, mit dem Auto fahren wir ganz bestimmt nicht, wer sollte da auch fahren? Mama? Nee.
Fedor dachte: Die letzte Matheaufgabe. Echt die letzte? Aber es gibt noch so vieles, wovon ich gar nicht weiß, dass ich es wissen will, wovon ich aber, wenn ich es höre, ganz sicher weiß, dass ich es unbedingt wissen will.
Chiara dachte: Kaufen sich reiche Leute jedes Jahr ein neues Handy? Und wie oft gehen sie zum Friseur? Nehmen sie Botox, ja, das machen sie sicher, aber ist Botox teuer?
Saya dachte: Hat *Mādar* eigentlich schon gesagt, was es heute Abend zu essen gibt?

Jens dachte: Wäre Mama bei Papa geblieben, wenn er reich wäre? Oder umgekehrt?
Kuzey dachte: Ich hab Lust auf ein Eis, gleich erst mal bei Ahmeds Bruder vorbeigehen.
Benthe dachte: Vielleicht ist eine neue Mimilou online, eine neue Mimilou!
Mirelva dachte: Coole Frage von Roman.
Fabio dachte: In Las Vegas sind alle reich. Als Magier wird man reich. Sechs Monate eine Show in Las Vegas, so machen die Magier das. Aber nur, wenn sie Geld genug haben, um Tricks zu kaufen.
Estelle dachte: Roman sieht richtig gut aus. Mannomann. Das ist mir bisher gar nicht aufgefallen, aber echt, ROMAN SIEHT RICHTIG GUT AUS!

Und Roman? Der dachte: Die anderen denken bestimmt, ich hab die dümmste Frage des Jahrhunderts gestellt. Aber wie ist das nun? Wie wird man reich? Angenommen, wir wissen das bald und der Rest der Welt nicht!
Es klingelte zum Ende der Stunde, das Klassenzimmer leerte sich, und zum Glück guckte keiner komisch oder böse. »Gute Frage«, sagte Mano sogar. Sven, der sonst fast nie mit ihm redete, sagte: »Echt eine sehr gute Frage«, und Fedor murmelte: »Ich wusste nicht, dass ich das wissen wollte, aber ich will es eigentlich gern wissen.«

Erleichtert atmete Roman auf. Und da schlug ihm jemand auf die Schulter. Mick. Der sagte: »He, Roman, nimmst du schon Deo? Meine Mutter meint, dass ich bald Deo nehmen muss.«
»Was?«, sagte Roman. »Stinke ich etwa?«
»Jetzt noch nicht«, sagte Mick. »Aber ich schon fast, sagte meine Mutter. Willst du mal riechen? Riech mal!«
»NEIN!«, rief Roman. »DU SPINNER!«

MATHEAUFGABE 22: Roman WIE WERDE ICH REICH?

Roman, du bekommst also 2 Euro pro Woche.
Wie lange brauchst du, um 1000 Euro zu sparen?
Äh …
Viel zu lange, glaub ich.
1000 Euro : 2 Euro pro Woche = 500 Wochen
Ein Jahr hat 52 Wochen.
Es dauert also …
Fast 10 Jahre?!
Kannst du so lange warten?
Nee, echt nicht!
Jetzt bin ich elf.
In zehn Jahren bin ich schon 21.
Kann ich mir dann zehn Jahre lang nichts kaufen?
In der Tat, mit Sparen allein klappt es nicht.
Schauen wir mal, wie es schneller geht.

Angenommen, du hast die Wahl:

Du kriegst von mir jetzt tausend Euro …

oder du kriegst in den kommenden vier Wochen an jedem Schultag etwas Geld.

Am ersten Tag kriegst du **5** Cent …

am zweiten Tag **10** Cent …

am dritten Tag **20** Cent …

und so verdoppelt sich der Betrag immer weiter bis zum **20**. Tag.

WOFÜR ENTSCHEIDEST DU DICH?
1000 EURO JETZT ODER 4 WOCHEN LANG JEDEN TAG GELD?
ICH GLAUBE 1000 EURO JETZT!
DANN KANN ICH MIR HEUTE NACHMITTAG DIREKT WAS KAUFEN!
WER VON EUCH WÜRDE SICH GENAUSO ENTSCHEIDEN WIE ROMAN?
UND WER WÜRDE LIEBER EINEN MONAT LANG JEDEN TAG GELD BEKOMMEN?
LASST UNS MAL AUSRECHNEN, WIE VIEL GELD WIR AM ENDE DER 20 SCHULTAGE HABEN.

	Du bekommst an dem Tag	Du hast insgesamt
Tag 1	5 Cent	5 Cent
Tag 2	10 Cent	15 Cent
Tag 3	20 Cent	35 Cent
Tag 4	40 Cent	75 Cent
Tag 5	80 Cent	1,55 Euro
Tag 6	1,60 Euro	3,15 Euro
Tag 7	3,20 Euro	6,35 Euro
Tag 8	6,40 Euro	12,75 Euro
Tag 9	12,80 Euro	25,55 euro
Tag 10	25,60 Euro	51,15 Euro
Tag 11	51,20 Euro	102,35 Euro
Tag 12	102,40 Euro	204,75 Euro
Tag 13	204,80 Euro	409,55 Euro
Tag 14	409,60 Euro	819,15 Euro
Tag 15	819,20 Euro	1.638,35 Euro
Tag 16	1.638,40 Euro	3.276,75 Euro
Tag 17	3.276,80 Euro	6.5536,55 Euro
Tag 18	6.553,60 Euro	13.107,15 Euro
Tag 19	13.107,20 Euro	26.214,35 Euro
Tag 20	26.214,40 Euro	52.428,75 Euro

DAS BRINGT NICHT VIEL, WAS? NICHT MAL 2 EURO NACH EINER WOCHE, WÄHREND ICH DANN SCHON 1000 HAB.

100 EURO, SO LANGSAM TUT SICH WAS.

HE, WAS IST DA PASSIERT? MEHR ALS 1000 EURO!

MAN KRIEGT JEDEN TAG FÜNF CENT MEHR ALS MAN AM VORIGEN TAG INSGESAMT HATTE!

ICH HAB MICH FALSCH ENTSCHIEDEN! DAS HÄTTE ICH NEHMEN SOLLEN!

Indem du nicht dein ganzes Taschengeld ausgibst, sondern einen Teil zum Beispiel auf einem Konto anlegst, wo du Zinsen bekommst, auch wenn das viel länger dauert als das Verdoppeln.

Oder du kaufst auf dem Flohmarkt Sachen, die du restaurierst und für mehr Geld weiterverkaufst.

Das ist etwas, was reiche Menschen oft machen.

Sie kaufen zum Beispiel alte Häuser, bauen sie um und verkaufen sie dann für viel mehr Geld.

Und dann kaufen sie wieder etwas, was sie dann für noch mehr Geld verkaufen können. Und so werden sie stinkreich.

Aber um das zu tun, muss man erst etwas Geld gespart haben.

Kurz gesagt, du wirst reich, indem du sparst und dafür sorgst, dass dein kleines bisschen Geld nach und nach mehr wird. Ist das eine gute Antwort auf deine Frage?

SPÄTER

NACH DER SCHULE

»Wusstest du, dass es Richtlinien dafür gibt, wie viel Taschengeld Kinder bekommen sollten? In Deutschland werden sie vom Deutschen Jugendinstitut (DJI) herausgegeben. Auf der Seite des DJI kann man lesen, dass es wichtig für Kinder ist, regelmäßig Taschengeld von ihren Eltern zu bekommen, damit sie lernen, mit Geld umzugehen. Man findet dort auch eine Tabelle, in der man ablesen kann, welcher Betrag für welches Alter empfohlen wird. Für Kinder von elf Jahren sind das 18,50 Euro bis 21 Euro im Monat.

DAS JAHR

Das kam nicht oft vor: Herr Sanders und Frau Verbeek gleichzeitig im Klassenzimmer. Es war Freitagnachmittag, die beiden saßen nebeneinander vorn im Gesprächskreis, und alle wollten hören, was sie zu sagen hatten.
Chiara hielt es nicht mehr aus. »Maaaann! Das ist wie bei einer Serie kurz vorm Ende, wenn man noch nicht weiß, wie es ausgeht, aber es unbedingt wissen will, und man hatte Chips, aber die sind alle und ...«
»Pssst, Chiara«, sagte Frau Verbeek.
»Ffwwwr«, machte Chiara noch, aber sie quetschte die Hände zwischen die Knie und presste die Lippen aufeinander.
Sie war nicht die Einzige, die eine Oktillion Flipperkugeln im Bauch hatte, denn heute schlossen sie das Projekt Mathe fürs Leben offiziell ab. Mit einem Fest (später), einem Gespräch (jetzt) und den Ergebnissen der Arbeit, die sie letzte Woche geschrieben hatten (gleich? Gleich!).
»Natürlich«, begann Frau Verbeek, »verstehen Herr Sanders und ich, dass ihr euch schon sehr auf das Fest freut, das wir nachher feiern, und gespannt seid, wie die Arbeit ausgefallen ist.«
Jetzt hatte Herr Sanders das Wort. »Aber es geht heute Nachmittag vor allem um unsere Meinung über das, was wir im letzten Schuljahr gemacht haben. Das ist wichtiger als die Noten. Und weil es wichtiger ist als die Noten ...«
»... geben wir das Wort zuerst Fabio«, sagte Frau Verbeek.
»... der einen Zaubertrick vorführen wird ...«, sagte Herr Sanders.
»... mit Zahlen«, sagte Frau Verbeek.
Was? Die beiden grinsten einträchtig vor sich hin, und Fabio grinste mit. Das war eindeutig ein abgekartetes Spiel.

Fabio räusperte sich, schaute in den Kreis und sagte: »Saya? Ich habe hier ein Blatt Papier und einen Stift, schreibst du mal eine Zahl zwischen null und zehn darauf?«
»Äh ...«, sagte Saya.

Fabio stand schon vor ihr. »Hier.«
Saya nahm das Blatt und den Stift und schrieb eine Zahl darauf. Jedenfalls hatte sie das vor, aber Fabio ging zurück zu seinem Platz und rief: »STOPP! Erst verbinde ich mir die Augen. Benthe? Kannst du einen Knoten machen?«
Benthe, die ebenfalls guckte, als wäre sie überfallen worden, stand zögernd auf, nahm das Tuch, das Fabio in der Hand hielt, und band es ihm um den Kopf.
»Jetzt sehe ich nichts mehr«, sagte Fabio. »Benthe, mach mal was!«
»Was?«, fragte Benthe und wischte kurz mit einer Hand vor seinem Gesicht.
»Hast du zwei Finger hochgehalten?«, fragte Fabio.
»Nein«, sagte Benthe.
»Gut«, sagte Fabio. »Ich sehe also rein gar nichts. Danke, Benthe.«
Benthe setzte sich wieder hin.
»Okay, Saya«, sagte Fabio. »Jetzt schreib eine Zahl auf das Blatt und zeig sie dann allen.«
Saya zuckte die Schultern, schrieb, hielt das Blatt hoch, und alle außer Fabio sahen eine Sieben.
»Fertig?«, fragte Fabio. »Dann nimm die Zahl jetzt mal 2.«
Saya – wie auch fast alle anderen – rechnete im Kopf: 7 x 2 = 14.
»Und dann mal 5.«
»Äh …«, sagte Saya, machte die Augen zu und rechnete: 14 x 5 = 70.
»Das Ergebnis teilst du jetzt durch die Zahl, mit der du angefangen hast und die auf deinem Blatt steht.«
Saya teilte 70 durch 7 und kam auf 10.
»Und davon ziehst du schließlich 9 ab.«
In Sayas Kopf und in den meisten anderen Köpfen ging es blitzschnell: 10 - 9 = 1.
»Schreib mal auf, was du raushast«, sagte Fabio.
Saya beugte sich über das Blatt und notierte eine Eins.
Dann sagte Fabio: »Fertig? Ja? Die Zahl, die du gerade aufgeschrieben hast, ist eine … Eins!«
»WAAAAS?«, rief die Hälfte der Klasse. Denn es stimmte. Und Fabio hatte wirklich eine megadicke Binde vor den Augen, die er jetzt erst abnahm.

Fabio lachte stolz, zeigte dann aber mit dem Daumen auf Herrn Sanders. »Von ihm gelernt«, sagte er.
»Haha, ja«, sagte Herr Sanders. »Der Witz ist, dass mit diesem Rechentrick jeder von euch alle Welt verblüffen kann, denn er funktioniert mit jeder Aus-

gangszahl. Merkt euch also, dass ihr die Leute bitten müsst, die Zahl mal 2 zu nehmen, dann mal 5, durch die Ausgangszahl teilen und dann minus neun, dann ist die Antwort immer eins. WIRKLICH IMMER! EGAL, MIT WELCHER ZAHL MAN ANFÄNGT! Mathe ist einfach großartig.«
Er schaute die Klasse an und strahlte.
»Äh … Herr Sanders«, sagte Mano. »Das ist ja alles ganz witzig und so, aber wir warten alle auf die Ergebnisse der Mathearbeit. Wenn die viel schlechter ausgefallen ist als sonst, haben wir in diesem Schuljahr verkackt.«
»Stimmt«, sagte Herr Sanders. »Und unsere Antwort darauf ist …«
»… das, was Fabio gesagt hat«, sagte Frau Verbeek.

Hä? Alle drehten sich mit einem Ruck zu Fabio um. Der machte ein Gesicht, als sollte er verhaftet werden, und zog die Schultern hoch bis zu den Ohren.
»Also eins«, sagte Herr Sanders.
Alle drehten sich wieder um, und keiner kapierte irgendwas.
»Okay, entschuldigt, wenn wir uns unklar ausgedrückt haben«, sagte Frau Verbeek. »Wir wollen damit sagen, dass wir absolut keine Nachholstunden machen müssen, denn ihr habt in dieser Arbeit im Schnitt eine Note besser abgeschnitten als in der Arbeit, die wir vor Mathe fürs Leben geschrieben haben.«
»Yesssss«, zischte es durch die Klasse, und Chiara und Mirelva standen auf und vollführten einen kleinen Tanz, der damit endete, dass sie mit dem Po gegeneinanderstießen und kichernd wieder auf ihre Stühle sanken.
Mano sprang auf und lief mit erhobener Hand durch die Klasse, um allen ein High Five zu geben. »Super gemacht, Leuteeeee!«, rief er.
Frau Verbeek und Herr Sanders lachten und warteten geduldig, bis Mano alle abgeklatscht hatte. Danach gaben sie ein Zeichen, dass sich alle beruhigen sollten.
»Das ist ein schönes Ergebnis«, sagte Frau Verbeek. »Aber es besagt natürlich … überhaupt nichts.«
»Nein«, sagte Herr Sanders. »Vielleicht hättet ihr ohne Mathe fürs Leben noch besser abgeschnitten, oder vielleicht war der Tag, an dem ihr die Arbeit geschrieben habt, zufällig ein ruhiger Tag, ich meine ohne Sturm in der Luft, und vielleicht wart ihr letztes Jahr während der Arbeit alle Nervenbündel, weil ihr, keine Ahnung, euch alle gerade ineinander verliebt hattet oder …«

Die Klasse fing an zu johlen. Beide Patricks riefen: »Ich verliebe mich nie im Leben!« Und mindestens Kuzey, Mick und Diede winkten ab, vielleicht aber auch

noch viel mehr. Nur Mano dachte kurz ernsthaft darüber nach, ob es zu der Zeit vielleicht gerade ein Mädchen gegeben hatte, das …
»Wie auch immer«, rief Herr Sanders über den Tumult hinweg. »Es ist eine Momentaufnahme! Denn es geht natürlich um etwas anderes. Es geht darum, was ihr selber denkt. Hat Mathe jetzt mehr mit eurem Leben zu tun? Um das zu besprechen, sitzen wir hier zusammen. Wer möchte etwas dazu sagen?«
Langsam beruhigten sich alle, und es war kurz leise, weil nachgedacht wurde. Da ging der erste Finger hoch.

Alle, die etwas sagen wollten, kamen an die Reihe. Und die, die nichts sagten, nickten oder klatschten. Aber einer hatte noch nichts gesagt, und das lag natürlich daran, dass derjenige meist nicht gern redete, wenn alle ihn ansahen. Und doch wartete die ganze Klasse darauf, dass gerade er etwas sagte. Fedor natürlich. Der einen Finger und einen Mund und einen kleinen Hilfsmotor brauchte, um auf sich aufmerksam zu machen. Und das alles kam natürlich von Mano. Mano schüttelte schon seit einer Viertelstunde erst die linke Hand, dann die rechte Hand, schließlich beide Hände.

»Mano?«, sagte Frau Verbeek endlich.

»Ich hab zwei Fragen, erstens: Spülen wir die Mathebücher jetzt definitiv das Klo runter?«

»Haha«, lachte Herr Sanders und sagte dann: »Nein.«

»Oh«, sagte Mano. »Dann meine zweite Frage. Fedor hat den Funken für den ganzen Plan gezündet, und was Fedor sagt, finden wir alle, also, Fedor: Das ist jetzt der Moment, um einen Treffer zu landen – sag mal was, was das ganze Klassenzimmer zum Kochen bringt.«

Als Erstes ließ Fedor seine Haarsträhne vor die Augen fallen.
Aber dann schaute er durch die Haarsträhne zu Mano, der den Daumen hob, und da strich Fedor sich die Haare aus dem Gesicht.
Er holte Luft und sagte: »Alle Fragen …«
Er verstummte.
Er holte noch mehr Luft und sagte: »Alle Fragen, die wir gestellt haben, hatten echt …«
Er räusperte sich.
»… was mit unserem Leben zu tun, weil … weil wir …«
Sein Blick huschte durch die Klasse, alle lauschten mit offenem Mund, als wollten sie seine Worte aufsaugen.
»… weil wir sie uns selbst ausgedacht haben und weil wir sie laut ausgesprochen haben und weil wir sagen durften, was wir wollten, und weil Sie …«
Auf einmal schaute er verlegen zu Boden und zeigte mit dem ausgestreckten Arm unbeholfen zu Frau Verbeek und Herrn Sanders.
»Weil Sie uns zugehört haben. Richtig zugehört. Und darum …«
Jetzt richtete er sich auf und schaute nach vorn, dann nach links und nach rechts.
»Darum war das eine wichtige Zeit.«
Und da passierte es wirklich – Frau Verbeek und Herr Sanders wussten nicht, was sie sagen sollten. Und Chiara auch nicht. Niemand. Dafür war die Stille zu zart. Erst nach zwanzig sechzigstel Minuten, nein, zehn dreißigstel, nein, einer Drittelminute rief Mano: »Woohoo, woohoo, woohoo, Fedor hat recht!«

DAS FEST

Der Rest vom Gesprächskreis wurde sogar noch schöner, und ehrlich gesagt auch bedeutend lauter, weil Frau Verbeek und Herr Sanders verkündeten, die Chancen stünden gut, dass sie in der Sechsten ihre Klassenlehrer blieben (damit hatten sie schon gerechnet, denn Frau Hendriks, die jetzt die Sechste hatte, ging in Pension) und dass sie außerdem wieder Mathe fürs Leben lernen würden (damit hatte niemand gerechnet, und da gab es ein großes Gejuchze und Gejohle, Gekreische und Gehopse).

Und dann wurde das Mathefest gefeiert. Mütter und Väter kamen helfen, und es war einfach super.
Estelles Tante kam und sang,
es gab einen Tisch mit Theo-Thijssen-Mess und zwei Limonaden-Zapfhähne (vor denen sie, damit das Einschenken schneller ging, in einer langen Schlange warten mussten, denn das hatten sie jetzt gelernt),
Mano saß hinter einem Tisch und spielte mit den Eltern ein Spiel, bei dem er immer gewann (und bei dem der Verlierer keinen Rosenkohl essen musste, sondern eine rote Chilischote),
es gab eine Eisbude, an der man erst ausrechnen musste, wie viele verschiedene Kombinationen mit zwei Kugeln und sechs Sorten möglich waren,
es gab einen Flohmarkt mit den absurdesten Rabatten,
es gab Rekorde zu messen und kleine Fußballspiele mit Zahlen und Pfeileschießen,
es gab ein Zwillingsgeheimnis (im Ernst: Zwei Männer, die einander glichen wie ein Ei dem anderen, liefen über den Schulhof, und es dauerte ungefähr eine halbe Stunde, bis Roos und Romée kapierten, warum sie da waren: Der eine war ein Freund von Herrn Sanders und der andere von Frau Verbeek!),
und es wurde gequatscht, gekichert und getanzt.

Bis es klingelte.
Und auch dann ging es noch eine Weile weiter – denn diese fünfte Klasse hatte zu Beginn des Schuljahrs ein Feuer in ihren zweiundzwanzig Köpfen entfacht.
Und so etwas lässt sich nicht so einfach löschen.

Queen
50%

MATHEFEST
5. sse
30

RECHNEN

OBERFLÄCHE

Wie groß ist eine Wiese? Wie groß ist eine Mauer? Wie groß ist der Fußboden bei dir zu Hause? Eigentlich fragt man dann: Wie viele Flächen von einem Meter Länge und einem Meter Breite sind das insgesamt?
Also: Wie viele Quadratmeter (m^2)? Das kann man für ein Rechteck berechnen, indem man Länge mal Breite rechnet.
Die Zahl, die dann herauskommt, ist die **Oberfläche.**

QUADRATMETER

Ein Quadratmeter ist eine Fläche von einem Meter Breite und einem Meter Länge. Das schreibt man so: **1** m^2.

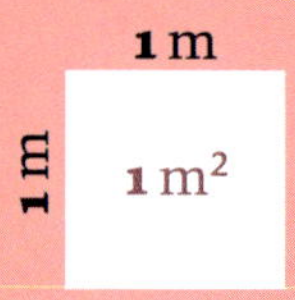

UMFANG

Um den Umfang eines Platzes, eines Fußbodens oder anderer Rechtecke zu berechnen, addiert man die Länge der Seiten.

BRÜCHE

Ein Bruch ist eine gebrochene Zahl. Sie ist in gleich große Teile aufgeteilt. Und man hat nicht mehr alle Teile beisammen.
Über dem Strich steht, wie viele Teile man noch hat.
Unter dem Strich steht, wie viele es sein müssten.

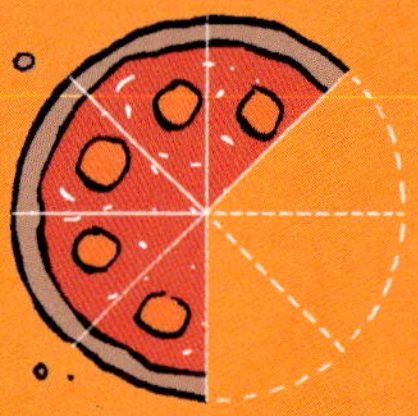

$\frac{5}{8}$ bedeutet also:
5 Teile von **8**.
Gesprochen:
fünf Achtel.
Und $\frac{2}{3}$:
2 Teile von **3**.
Gesprochen: zwei Drittel.

Ach ja:
Die Zahl über dem Strich heißt **Zähler**, die unter dem Strich **Nenner.**

DURCHSCHNITT

Man berechnet den Durchschnitt einer Zahlenreihe, indem man
- alle Zahlen zusammenzählt
- und durch die Anzahl der Zahlen teilt.

LÄNGENMAẞE

1 Meter = **10** Dezimeter = **100** Zentimeter = **1000** Millimeter
1 Kilometer = **10** Hektometer = **100** Dekameter = **1000** Meter

HOHLMAẞE

1 Liter = **10** Deziliter = **100** Zentiliter = **1000** Milliliter

GEWICHTSMAẞE

1 Kilo = **1000** Gramm

GRAD

Temperatur wird in Grad gemessen.

0 Grad ist der Gefrierpunkt: Dann **gefriert** Wasser.
100 Grad ist der Siedepunkt: Dann **kocht** Wasser.
Wir schreiben **7** Grad auch als **7** °C. Das C bedeutet **Celcius**.

Ist es kälter als **0** °C, , dann sagen wir: Es ist **4** Grad unter null oder -**4** °C.

BRÜCHE KÜRZEN

Die Zahl über dem Bruchstrich (Zähler) und die Zahl unter dem Bruchstrich (Nenner) kann man häufig verkleinern.
Das nennt man Kürzen.
Dabei teilt man Zähler und Nenner durch dieselbe Zahl.

Beispiel: $\frac{6}{12}$ kann man oben und unten durch drei teilen → $\frac{2}{4}$.

Und $\frac{2}{4}$ kann man wiederum durch zwei teilen → $\frac{1}{2}$.

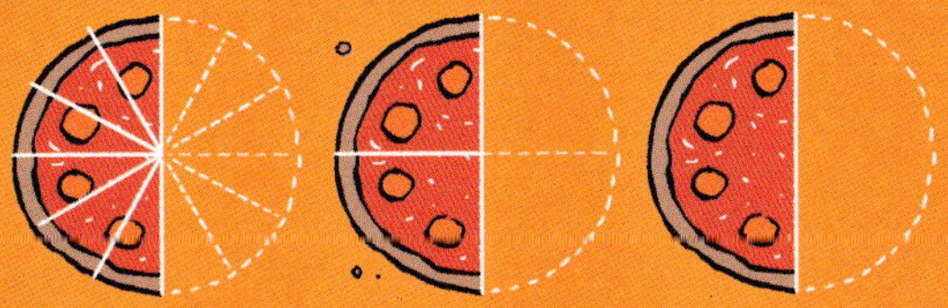

Kleiner geht es nicht, also sind wir fertig mit Kürzen

DEZIMALZAHLEN

Dezimalzahlen sind auch Brüche. Sie sind in **Zehntel** zerteilt. Die Zehntel stehen an der **ersten Stelle hinter dem Komma**.

1,4 bedeutet also: **1** Ganzes und **4** Zehntel (**4** von **10** Teilen).
Gesprochen: eins Komma vier.
6,9 bedeutet: **6** Ganze und **9** Zehntel (**9** von **10** Teilen).
Gesprochen: sechs Komma neun.

Ah, und kann man die Zehntel noch weiter teilen? Ja, das sind dann **Hundertstel**. Die stehen an **zweiter Stelle hinter dem Komma**. Und kann man die Hundertstel noch weiter teilen? Ja, das sind **Tausendstel**. Die stehen an **dritter Stelle hinter dem Komma**. Und kann man die noch weiter teilen? Ja, es geht immer so weiter. **Oktillionstel** stehen zum Beispiel an **achtundvierzigster Stelle hinter dem Komma**. Und auch danach geht es immer noch weiter … und weiter … und weiter …

PROZENTE

Pro = für
Cent = hundert
Ein Prozent ist also eigentlich ein Teil von einem Betrag, der in **100** Stückchen zerlegt worden ist.
20 % = **20** Stückchen von **100**.
47 % = **47** Stückchen von **100**.

Um einen Prozentwert auszurechnen, teilt man den Betrag, mit dem man anfängt, erst mal durch **100**. So erhält man **1%**.

BEISPIEL: Wie viel ist **7%** von **1500**?
1500 = **100%**
1% davon sind …
geteilt durch **100** …
= **15**.

Diese Zahl multipliziert man dann mit dem Prozentsatz.

BEISPIEL: Wie viel ist **7%** von **1500?**
1% war **15**.
Dann sind **7%** = **7 × 15**
… mal eben ausrechnen … **105**.

HOHE ZAHLEN

Tausend → **1000**
Zehntausend → **10.000**
Hunderttausend → **100.000**
1 Million → **1.000.000**
1 Milliarde → **1.000.000.000**
1 Billion → **1.000.000.000.000**
1 Billiarde → **1.000.000.000.000.000**
1 Oktillion → **1.000.000.000.000.000.000.000.000.000.000.000.000.000.000.000.000.000**

LÖSUNGEN ARBEITSBLÄTTER

1. Umrechnen

Eis:
10 Suriname-Dollar = € 2,00
T-Shirt:
75 Suriname-Dollar = € 15,00
Ticket für Paramaribo Zoo:
25 Suriname-Dollar = € 5,00
Ein Kilo bittere Auberginen:
7 Suriname-Dollar = € 1,40

2. Passend bezahlen (1)

€ 0,35 = 20 + 10 + 5 Cent
€ 0,95 = 50 + 20 + 20 + 5 Cent
€ 1,85 = 100 + 50 + 20 + 10 + 5 Cent
€ 2,50 = 200 + 50 Cent
€ 2,95 = 200 + 50 + 20 + 20 + 5 Cent

3. Passend bezahlen (2)

$ 0,35 = 25 + 10 Dollarcent
$ 0,95 = 25 + 25 + 25 + 10 + 10 Dollarcent
$ 1,85 = 100 + 25 + 25 + 25 + 10 Dollarcent
$ 2,50 = 250 Dollarcent
$ 2,95 = 250 + 25 + 10 + 10 Dollarcent

4. Zählen

Solange du nicht aus Versehen statt Euro Suriname-Dollar, britische Pfund oder polnische Złoty gezählt hast, ist alles gut.

5. Geld ist schön.

In Suriname gibt es außer den 1-Dollar- und 2,5-Dollar-Münzen auch Geldscheine von 1 und 2,5 Dollar. Kannst du dir vorstellen, warum das praktisch ist?

Hier sind verschiedene Antworten möglich. Zehn einzelne Dollar sind in Scheinen viel leichter als in Münzen – superpraktisch in der Hosentasche oder im Portemonnaie. Banknoten sind auch billiger und schneller herzustellen (aber sie halten nicht so lange).

((7)) Das gelbe »Nötli« von 10 Schweizer Franken wurde zum schönsten Geldschein der Welt gekürt. Findest du ihn auch so schön?

Jede Antwort ist richtig (aber natürlich ist das nicht der schönste Geldschein der Welt, ha.)

((8)) Frau Verbeek hält diesen Schein für den schönsten der Welt. Er kommt aus dem Kongo und hat Okapis darauf. Überleg dir deinen schönsten Geldschein der Welt und mal davon ein Bild.

Auch hier ist alles erlaubt! (Wenn auf deinem Geldschein eine 1729 steht, kriegst du einen Sonderpunkt, das ist nämlich Frau Verbeeks Lieblingszahl.)

LEBEN

»Mein herrlicher, lieber, lästiger Haufen, ich weiß eigentlich nur eins: In dem Jahr oder so, in dem ich euch hab und ihr mich habt, brauchen wir einfach nur eine glückliche Klasse zu sein. Und alles andere ist Blödsinn, auch wenn ich euch das niemals sagen würde.«
Aus: Theo Thijssen, *Die glückliche Klasse*, 1926.

EDWARD VAN DE VENDEL wurde 1964 in Leerdam, Holland, geboren und arbeitete als Lehrer, bevor er anfing zu schreiben. Seine Kinder- und Jugendbücher, Bilderbuchtexte und Gedichte sind inzwischen vielfach ausgezeichnet und u.a. ins Französische und Deutsche übersetzt worden. Edward van de Vendel lebt heute in Amersfoort.

IONICA SMEETS wurde 1979 in Delft, Holland, geboren. Sie ist promovierte Mathematikerin und Professorin für Wissenschaftsvermittlung an der Universität von Leiden. Außerdem arbeitet sie als Print- und Fernsehjournalistin und tauchte schon als Figur in einem Donald-Duck-Comic auf.

FLOOR DE GOEDE wurde 1980 in Amsterdam, Holland, geboren und arbeitet als Comiczeichner und Illustrator. Seit 2004 veröffentlicht er auf seiner homepage täglich einen Comic. Er hat 2013 seine erste Graphic Novel geschrieben und zeichnet für Zeitschriften, Magazine sowie Websites.

SYLKE HACHMEISTER wurde 1966 in Minden geboren und studierte Kommunikationswissenschaften, Anglistik und Soziologie an der Universität Münster. Zunächst arbeitete sie als Lektorin, bevor sie sich als Übersetzerin selbstständig machte. Ihre Bücher wurden bereits vielfach ausgezeichnet.

GROSSE FRAGEN AN DAS LEBEN UND DAS UNIVERSUM

Jamia Wilson
DIE GANZ GROSSEN FRAGEN
Hardcover
64 Seiten
ISBN 978-3-551-25459-7

WER BIN ICH? WAS IST GERECHTIGKEIT? UND WOHER WISSEN WIR, WAS RICHTIG UND FALSCH IST? Die ganz großen Fragen – irgendwann stellen wir sie uns alle auf die eine oder andere Weise. Aber wie findet man die passenden Antworten? Dieses Sachbuch bietet einen modernen und vielfältigen Blick auf die wichtigsten philosophischen Themen. Mit klugen Worten von Aristoteles oder Maya Angelou und aktuellen Beispielen regt es zum kritischen Denken an. So kann man sich selbst eine Meinung bilden und eigene Ideen entwickeln. Ein Guide zu Meinungsbildung und respektvoller Diskussion mit leuchtend bunten Illustrationen.

WWW.CARLSEN.DE

CARLSEN

Außerdem von Edward van de Vendel im Carlsen Verlag lieferbar:
Die Tage der Bluegrass-Liebe

Nederlands letterenfonds
dutch foundation for literature

Dieses Buch wurde mit Unterstützung des Nederlands letterenfonds, Amsterdam, veröffentlicht.

Die Übersetzerin dankt dem deutschen Übersetzerfonds e.V. für die Unterstützung der Arbeit an diesem Buch.

Originalverlag: Uitgeverij Nieuwezijds, Amsterdam
Die Übersetzungsrechte an diesem Werk wurden vermittelt durch élami agency.
Originaltitel: Rekenen voor je leven
Aus dem Niederländischen von Sylke Hachmeister
Lektorat: Katja Maatsch
Umschlaggestaltung: formlabor unter Verwendung von Illustrationen von Floor de Goede
Herstellung: Karen Kollmetz
Satz und Lettering: Minou Zaribaf
ISBN: 978-3-551-55942-5

THEO-THIJSSEN-SCHULE
5. KLASSE

1: Mano
2: Fedor
3: Estelle
4: Ahmed
5: Herr Sanders
6: Jens
7: Fabio
8: Patrick 1
9: Kuzey